新型电力系统理论及实践

主编 鲁 飞

参编 张可可 龚淼 焦刚刚 童鑫
万文东 王涛 丁振峰

西安电子科技大学出版社

内 容 简 介

构建以新能源为主体的新型电力系统，是实现碳达峰、碳中和目标的重要支撑。本书详细介绍了新型电力系统的内涵与构建、电网数字化、关键技术以及光伏建筑一体化概念与设计原则，并结合一个典型的新型电力工程实践案例进行详细阐述，具有科学性和实践性。

本书内容实践性强，对电力相关行业具有一定的指导作用，也适合作为高等院校电力建设、电力设计、电力运行及电力运维等相关专业的教材。

图书在版编目(CIP)数据

新型电力系统理论及实践 / 鲁飞主编. --西安：西安电子科技大学出版社，2024.1
ISBN 978 - 7 - 5606 - 7188 - 8

Ⅰ. ①新… Ⅱ. ①鲁… Ⅲ. ①电力系统—研究 Ⅳ. ①TM7

中国国家版本馆 CIP 数据核字(2024)第 037450 号

策　　划　吴祯娥
责任编辑　雷鸿俊
出版发行　西安电子科技大学出版社(西安市太白南路 2 号)
电　　话　(029)88202421　88201467　　邮　编　710071
网　　址　www. xduph. com　　　　　　电子邮箱　xdupfxb001@163.com
经　　销　新华书店
印刷单位　咸阳华盛印务有限责任公司
版　　次　2024 年 1 月第 1 版　2024 年 1 月第 1 次印刷
开　　本　787 毫米×1092 毫米　1/16　印　张　10
字　　数　154 千字
定　　价　49.00 元
ISBN 978 - 7 - 5606 - 7188 - 8/TM

XDUP 7490001 - 1

Preface 前言

2021 年 3 月，习近平主席在中央财经委员会第九次会议上指出："要构建清洁、低碳、安全、高效的能源体系，控制化石能源总量，着力提高利用效能，实施可再生能源替代行动，深化电力体制改革，构建以新能源为主体的新型电力系统。"构建新型电力系统，促进电力领域脱碳，是推动能源清洁低碳转型、实现"双碳"目标的必由之路。

随着"双碳"时代的到来，以新能源为主体的新型电力系统建设已经进入大数据、信息化、智能化时代。新型电力系统是实现碳达峰、碳中和的主要举措之一，是实现电力行业高质量发展、服务构建新发展格局的重要途径。与传统电力系统相比，新型电力系统具有绿色高效、柔性开放、数字赋能三大显著特征，能够实现安全、经济、低碳以及高效集成各种分布式能源，通过多传感、大数据、智能管控等技术，实现能源实体与现代信息技术的融合，优化能源生产、输送和使用，加速实现系统智能调度及市场自由交易，促进分布式智慧能源计量结算场景落地，逐渐发展为柔性和开放的能源互联网，其发展前景巨大。

新型电力系统是在传统电力系统的基础上，以高比例可再生能源为供给主体，适应未来能源体系变革、社会经济发展，与自然环境相协调的电力系统。本书详细介绍了新型电力系统的内涵与构建、新型电力系统的电网数字化、新型电力系统的关键技术以及减排背景下绿色建筑的光伏建筑一体化（BIPV）技术等内容，并结合一个实际的 BIPV 项目进行了详细阐述。

本书是以鲁飞等人为核心的华东送变电工程有限公司核心技术团队科技创新成果的汇编及总结。由于编者水平有限，书中可能还存在不足之处，恳请广大读者及同行专家批评指正。

编　者
2023 年 9 月于上海嘉定

Contents 目　录

第1章 新型电力系统概述

1.1 新型电力系统实施背景及意义

2020年9月，习近平总书记在第七十五届联合国大会上提出，我国二氧化碳排放力争于2030年前达到峰值，努力争取2060年前实现碳中和；同年12月，习近平总书记在气候雄心峰会上再次重申我国的碳达峰、碳中和承诺。碳达峰、碳中和目标是以习近平同志为核心的党中央经过深思熟虑作出的重大战略决策，彰显了我国主动承担应对气候变化国际责任、推动构建人类命运共同体的坚定决心。

2021年3月15日，中央财经委员会第九次会议指出，"十四五"是碳达峰的关键期、窗口期，要构建清洁、低碳、安全、高效的能源体系，控制化石能源总量，着力提高利用效能，实施可再生能源替代行动，深化电力体制改革，构建以新能源为主体的新型电力系统。

践行碳达峰、碳中和战略，能源是主战场，电力是主力军。电力作为我国碳排放占比最大的单一行业，减排效果对实现"双碳"目标至关重要。南方电网公司坚持以习近平生态文明思想为引领，坚决落实碳达峰、碳中和的重大战略决策，深入贯彻"四个革命、一个合作"能源安全新战略，坚持在大局下行动，扛起央企创新主力军的责任，加快建设数字电网，在构建新型电力系统中打造"南网样本"，发挥先行示范作用。

构建以新能源为主体的新型电力系统的意义在于：

（1）2020年9月，习近平总书记在第七十五届联合国大会上提出，构建以新能源为主体的新型电力系统是落实国家战略部署，实现碳达峰、碳中和目标的重要手段。2020年我国能源消费产生的二氧化碳排放量占总排放量的88%左右，而电力行业的二氧化碳排放量占能源行业二氧化碳总排放量的42.5%左右，电力行业的碳达峰、碳中和进度将直接影响"双碳"目标实现的进程。因此，必须加快构建以新能源为主体的新型电力系统，大力提升新能源消纳和存储能力，以能源电力绿色低碳发展引领经济社会系统性变革。

（2）构建以新能源为主体的新型电力系统是推动能源革命，保障能源供应安全的重要战略举措。近年来，我国能源对外依存度逐年攀升。2020年石油、天然气资源对外依存度分别达到73%和43%，国家能源安全形势日趋严峻。另一方面，我国可再生能源尤其是风、光等新能源发展潜力巨大，大规模发展新能源可有效促进能源结构多元化，对保障能源安全具有积极意义。电力是可再生能源最为便捷高效的利用方式。构建新型电力系统，将打造更加灵活高效的能源资源优化配置平台，支撑大规模新能源的开发与利用，同时可有效促进需求侧大力推进"新电气化"进程，这将是推动能源革命、保障能源供应安全的关键。

（3）构建以新能源为主体的新型电力系统是推动绿色能源技术创新发展，提升能源产业基础能力和产业链现代化水平的重要抓手。近年来，我国陆上风电、光伏发电装机规模均位列世界第一，海上风电居世界第二，带动了新能源技术和产业快速发展。构建新型电力系统，将带动全行业产业链、价值链上下游共同努力，推动新能源技术创新发展和产业持续变革，并引领全球低碳产业发展，在服务和融入新发展格局中展现更大作为。

新型电力系统以新能源为主体，风电、光伏产业迎来发展机遇。新能源目前以风电和光伏为主，在碳中和政策推进背景下，风光等新能源在一次能源消费中占比将显著提升。近年来，我国风电、太阳能等清洁能源装机容量和发电量快速增长。根据国家能源局数据显示，2020年风力发电机组装机容量达2.81亿千瓦，装机容量增速高达34.61%；太阳能光伏2020年总装机容量达2.53亿千瓦，装机总容量增速达24.12%。2021年上半年，国内风电新增发电装机容量为1084万千瓦，同比大幅增长71.52%。同期内，新增太阳能发电装机容量 1301 万千瓦，同比增长 28.18％。截至 2021 年 6 月，国内风电、太阳能累计发电装机容量分别为 29 192 万千瓦和 26 761 万千瓦，在全国发电装机容量中的占比分别为 12.94％和 11.86％，二者合计占比达 24.80％。光伏、风电等新能源市场规模的持续扩张，将有效带动相关配套服务产业加速发展，推动行业规模进一步扩张。未来我国新能源装机规模将保持平稳较快增长，呈现出"风光领跑、多源协调"态势。

新能源将成为新增电源的主体，并在电源结构中占据主导地位。随着能源革命进程的加快推进，新能源将迎来爆发式增长。预计到 2030 年和 2060 年，我国新能源发电量占比将分别超过 25％和 60％，电力供给将朝着逐步实现零碳化方向迈进。

1.2　新型电力系统的显著特征

南方电网在其发布的数字电网推动构建新型电力系统的白皮书中阐述了新型电力系统的背景和意义、构建新型电力系统面临的新形势新要求以及"绿色高效、柔性开放、数字赋能"三大显著特征。

1. 绿色高效

绿色高效是指新能源将成为新增电源的主体，并在电源结构中占主导地位，电力供给将朝着逐步实现零碳化方向迈进；终端能源消费"新电气化"进程加快，用能清洁化和能效水平显著提升，初步测算，工业、建筑、交通三大领域终端用能电气化水平将从目前的 30％、30％和 5％提升至 2060 年约 50％、75％和 50％。电力电子装备的广泛应用在提升能效的同时将使需求侧电力电子化特征更加凸显；电力体制改革持续深化，将市场在能源资源配置中的决定性作用充分发挥，实现全要素资源的充分投入和优化配置。

我国可供发展绿色电力的资源是有限的，在新型电力系统中绿色电力的生产依然存在经济成本和生态成本，因此对绿色电力利用要坚持高效合理运行，风电、光伏在运行过程中要满负荷运转，尽可能实现完全消纳不浪费。

2. 柔性开放

柔性开放是指将电网作为消纳高比例新能源的核心枢纽，其作用更加显著。同时，特高压柔性直流输电技术将支撑大规模新能源集中开发与跨省区高效优化配置，大电网柔性互联可促进资源互济共享能力进一步提升。"跨省区主干电网＋中小型区域电网＋配电网及微电网"的柔性互联形态和数字化调控技术将使电网更加灵活可控，实现新能源按资源禀赋因地制宜地广泛接入。

配电网将呈现交直流混合柔性电网与微电网等多种形式协同发展态势，具备更高的灵活性与主动性，实现多元化负荷的开放接入和双向互动，促进分布式新能源消纳。智能微电网作为提高供电可靠性和高渗透率的分布式电源并网的重要解决方案，将逐步在城市中心、工业园区、偏远地区等推广应用。

3. 数字赋能

数字赋能是指新型电力系统将实现数字与物理系统深度融合，即以数据流引领和优化能量流、业务流，将数据作为核心生产要素，打通"源网荷储"各环节信息，使发电侧实现"全面可视、精确可测、高度可控"，电网侧形成云边融合的调控体系，用电侧有效聚合海量可调节资源，以支撑实时动态响应。新型电力系统依托强大的"电力＋算力"，通过海量信息数据分析和高性能计算技术，透过数据关系发现电网运行规律和潜在风险，实现电力系统安全稳定运行和资源大范围优化配置，使电网具备超强感知能力、智慧决策能力和快速执行能力。

数字赋能新能源电网的运行，使得智能电网建设也成为电力行业新一轮投资重点。由于新能源的大规模接入，传统的技术手段和生产模式已经无法适应新能源电网的运行需求。新一代数字技术通过设备终端提升电网数据采集、分析和应用能力，使电网具备超强感知能力、强大"电力＋算力"能力、智慧决策能力和快速执行能力。数字技术与传统电力技术深度融合，促进电力系统上下游各环节智能化、智慧化，为"源网荷储一体化"协调发展提供关键保障。

随着智能电网建设改造升级和电力市场改革相关政策持续推进，电网投资规模在经历大幅增长后逐步趋于稳定。国家能源局数据显示，国家电网投资由 2011 年的 3687 亿元增至 2016 年的高点 5432 亿元，增幅达 47.33％，年复合增长率达 8.06%。2017 年以来，国家电网投资有所下滑，主要系特高压建设进度放缓所致，但整体投资规模仍维持在 4500 亿元以上高位水平。根据国家电网公布的数据显示，我国智能电网的投资占电网总投资的比重呈上升趋势。展望未来，国家"十四五"规划和 2035 年远景目标纲要中提出系统布局新型基础设施和建设智慧能源系统，将能源电力行业作为"新基建"中融合基础设施建设的重点领域之一，大力发展建设电力物联网、智慧能源系统运行控制云平台、智慧能源综合服务云平台、能源互联网生态圈。新能源产业的快速发展拉动配电网建设的投资需求，预计未来电网投资或有所增长，投资规模仍有增长空间。

◀◀ 1.3　新型电力系统电网运行管理面临的挑战

以"电气化、清洁能源化"为主要特点的新型电力系统加速发展。从供给端来看，近年来，我国光伏发电、风电、核电、水电、生物质能发电等新能源发电装机占比超过 40%，发电量占比超过 33%。目前的清洁能源装机强度加上一定的增长量，保持到 2030 年就能实现 70% 的装机占比和接近 60% 的发电量占比。而在需求端，目前电力在终端能源消费中占比为 26% 左右，2030—2035 年有希望提升近 10%；非化石能源占一次能源的比重现在为 15% 左右，2030—2035 年有望提升到 32% 以上。

供给端的清洁能源化和需求端的电气化这"两化"是过去 20 年全球电力甚至能源系统的主要发展趋势，未来几十年这一趋势可能会进一步强化。而电网如何顺应新型电力系统的发展，特别是"两化"趋势，对现有电网的物理结构、管理模式都提出了巨大的、长期的挑战。同时，新型电力系统给电网运行带来了多方面的深度变革，如图 1-1 所示。

在此趋势下，风电、光伏等随机性、波动性电源替代火电等确定性可控电源，给电网调节调度、灵活运行带来了挑战。而以新能源为主的电源结构、高比例电力电子设备的大面积应用将带来电力系统的运行特性、安全控制和生产模式的根本性改变。

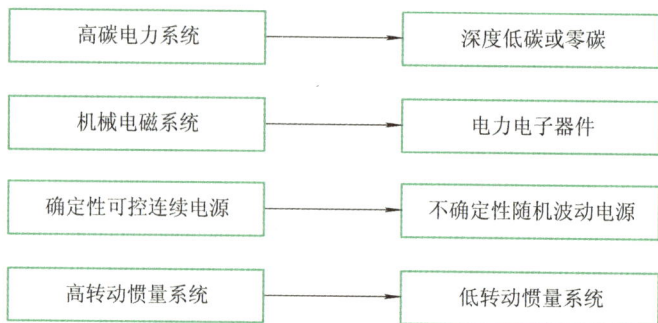

图 1-1　新型电力系统给电网带来的深度变革

挑战 1：新能源消纳——灵活配置储能，推动解决新能源消纳问题。风光等可再生能源的发电原理、控制方式、运行特征区别于传统电源，储能可以解决新能源消纳及提升电网稳定的刚需。目前储能方式以抽水蓄能为主，电化学等其他储能方式仍急需推进市场化进度，电网运营侧则需要解决好储能集中或分散配置、形式组合、运行控制等问题。

挑战 2：系统稳定性——调整电网控制方案，维持系统安全稳定。新型电力系统发电及用电具备高自由度特征，此前电网控制中采取的"源随荷动"策略在电源本身具备随机性的特征下不再适用，"源网互动"新模式下，电网一次、二次系统控制保护应进行针对性调整，并要求在电源出力及负荷预测、源网荷储协调运行、主动需求响应、虚拟电厂控制等技术领域进一步突破。

挑战 3：智能网联化——进一步提升电网智能化。电网规模持续扩张及自动化程度的大幅提升，对电网的响应处理能力提出了更高的要求，能源电力配置方式将由"部分感知、单向控制、计划为主"转变为"高度感知、双向互动、智能高效"。新型电力系统将实现与现代数字技术的深度融合，既要求底层监测、通信设备的同步更新，也要求电网后台控制调度软件的智能化改造。

挑战 4：基础技术攻关——突破底层材料、设备制造、工程应用等技术难关。新型电力系统的构建涉及多学科、多领域的深度合作，现阶段急需攻克或优化的核心技术包括新型绝缘材料、SiC 等宽禁带电力电子器件、电化学储能、氢储能、高效低成本发电、综合能源系统等。

挑战 5：电力市场机制——完善电力市场及引导机制。新型电力系统的构建依托高效且市场化的电力治理方案，需要形成科学合理的电价机制和经济政策。例如，我国持续以补贴形式引导风光装机，现已进入平价阶段，当前在储能配置引导、应用终端"以电代煤""以电代油""以电代气"等领域如何完善现有电价机制，配套适宜的经济政策仍然是需要持续探讨解决的方向。

我国能源电力系统正面临新一轮深刻变革，存在从软硬件技术到市场体制的全面挑战。而与此同时，"变革"也孕育了更多新的空间和机遇。能够把握电网演进趋势，在产品技术上占据先机且持续迭代的企业单位，将有望在新型电力系统的建设进程中回归久违的成长。

1.4　构建新型电力系统的相关建议

构建新型电力系统的相关建议如下：

（1）构建新型电力系统，需要推动关键核心技术突破。需要在电制氢、CCUS(Carbon Capture Utilization and Storage，碳捕获利用与封存)、碳排放评估、电力数字化、储能、电力电子设备主动支撑技术、需求响应、电力市场等方面加大技术研发，因为上述技术的绝大部分还处于成熟度不高、稳定性不足的状态，无法大规模推广应用。

（2）构建新型电力系统，要解决好安全问题。在碳达峰、碳中和目标下，随着生产侧和消费侧电能占比的提高，电力作为基础能源的地位愈加重要，而电力生产又以强不确定性的风、光为主，各时空尺度的能源安全(主要体现在电力)挑战巨大。对于毫秒级的设备安全、秒/分的运行控制安全、小时/天的调度安全、周/年的供给安全以及物理、功能、跨行业和社会等广义空间尺度的安全，需要从全社会的视角审视电力安全问题，通过创新来解决电力安全问题。

（3）构建新型电力系统，需要多行业、多主体统筹推进。在建设新型电力系统的过程中，保证电力安全是一项复杂的系统工程，需要各级政府、各行各业协同，通过政策、法规和体制机制创新，业态、市场和电价机制创新以及技术创新来共同解决。

（4）构建新型电力系统，要明确阶段，分步实施。从能源电力系统的发展来看：近期是能源转型期，市场、法规、技术的研发将是首要任务；中期是新型电力系统形成期,目标是完善政策法规和市场电价机制,解决新型电力系统构建和安全运行问题;远期是新一代能源系统形成期,重点解决能源近零排放和能源电力安全问题。因此,建设新型电力系统一定要遵循科学规律,做到规划上由远及近,措施上全面具体,分阶段统筹实施。

第 2 章　新型电力系统的内涵与构建

构建新型电力系统是党中央基于加强生态文明建设、保障国家能源安全、实现可持续发展而作出的重大决策部署，是推动能源清洁低碳转型、助力"碳达峰、碳中和"的迫切需要，也是顺应能源技术进步趋势、促进电力系统转型升级的必然要求，还是实现电力行业高质量发展、服务构建新发展格局的重要途径。

◀◀ 2.1　新型电力系统是"双碳"目标下的必然趋势

新型电力系统是在传统电力系统的基础上，承载了能源电力转型使命的新发展阶段，是以实现碳达峰碳中和、立足新发展阶段、贯彻新发展理念、构建新发展格局、推动高质量发展的内在要求为前提，以坚强智能电网为平台，以交流同步运行机制为基础，以高比例可再生能源为供给主体，以常规能源发电为重要组成，以源网荷储协同互动和多能互补为重要支撑手段，深度融合低碳能源技术、先进信息通信技术与控制技术，实现源端高比例新能源广泛接入、网端资源安全高效灵活配置、荷端多元负荷需求充分满足，能够适应未来能源体系变革、社会经济发展与自然环境相协调的电力系统。

2.1.1　我国电力系统发展史

回顾我国电力系统的发展历程，能够看到电源侧从发电量的增长到电源结构的变化，从小机组到大机组的完善；电网侧从低压、小范围输配电提升到高压、省统一电网、跨省电网。我国电力系统的发展整体上可以分为起步发展阶段、省级电网发展阶段、全国电网互联阶段、特高压电网发展阶段和新型电力系统建设发展阶段，如图 2-1 所示。

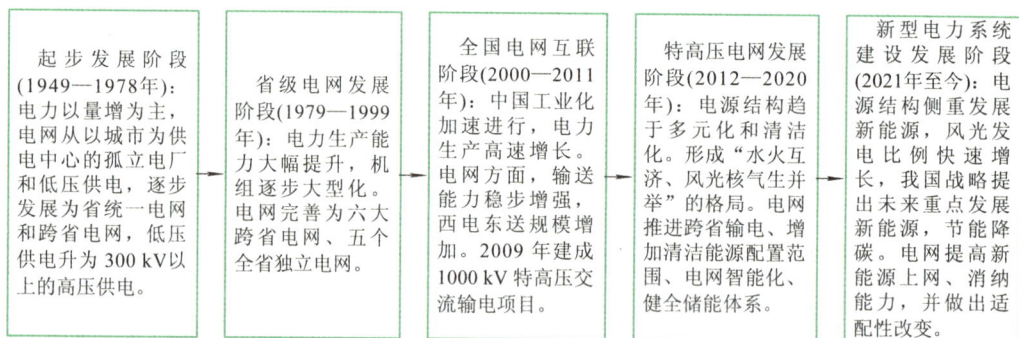

起步发展阶段(1949—1978年)：电力以量增为主，电网从以城市为供电中心的孤立电厂和低压供电，逐步发展为省统一电网和跨省电网，低压供电升为 300 kV 以上的高压供电。	省级电网发展阶段(1979—1999年)：电力生产能力大幅提升，机组逐步大型化。电网完善为六大跨省电网、五个全省独立电网。	全国电网互联阶段(2000—2011年)：中国工业化加速进行，电力生产高速增长。电网方面，输送能力稳步增强，西电东送规模增加。2009 年建成 1000 kV 特高压交流输电项目。	特高压电网发展阶段(2012—2020年)：电源结构趋于多元化和清洁化。形成"水火互济、风光核气生并举"的格局。电网推进跨省输电、增加清洁能源配置范围、电网智能化、健全储能体系。	新型电力系统建设发展阶段(2021年至今)：电源结构侧重发展新能源，风光发电比例快速增长，我国战略提出未来重点发展新能源，节能降碳。电网提高新能源上网、消纳能力，并做出适配性改变。

图 2-1 我国电力系统发展史

1. 起步发展阶段(1949—1978 年)

新中国成立初期，电力系统主要形态是以小电源和大城市为中心的孤立电网为主，电力就地平衡，系统分散，不均衡发展。全国电力装机容量仅 185 万千瓦，位居世界第 21 位，平均单机容量为 7000 kW，发电量为 43 亿千瓦时，位居世界第 25 位。中小城市和农村基本处于无电状态。

该阶段，在计划经济体系下，电力工业的发展受国家政策和战略影响较为显著。电源建设集中在重点工业区，水电发展增速较快。电力系统按照满足电源外送和保障基本供电要求来设计，电网伴随电源建设特点明显，表现为电网结构薄弱、自动化水平较低、电网频繁出现稳定问题。

该阶段是以重工业为主发展战略推动下的中国电力工业发展阶段，电力以量增为主，满足工业需求为主；电网从以城市为供电中心的孤立电厂和低压供电逐步发展为省统一电网和跨省电网，低压供电升为 300 kV 以上的高压供电。

2. 省级电网发展阶段(1979—1999 年)

改革开放以来，集资办电等一系列政策的实施，极大地促进了电力建设，带动了电力系统快速发展。电力工业进入超高压时期，电网互济与互联功能显著提高。电力系统建设以区域内资源配置为主，立足于省内平衡，围绕省内负荷中心，重视省网建设。全国形成了东北、华北、西北、华中、华东等五个区域电网、南方联营电网和 10 个独立省区电网的电力系统格局。

2000 年，全社会用电量达到 1.35 万亿千瓦时，人均用电量为 1067 kW·h，总发电装机容量为 3.2 亿千瓦，最大单机容量为 80 万千瓦，电网最高电压等级为交流 500 kV 和直流 500 kV，单通道最大输送容量为 150 万千瓦。

该阶段下电力生产能力大幅提升，机组逐步大型化。电网完善为六大跨省电网和五个全省独立电网。

3. 全国电网互联阶段（2000—2011 年）

进入 21 世纪，电力工业的建设在社会主义市场经济的大背景下飞速发展。国家实施西部大开发和"西电东送"战略，大电源基地、大电网建设进入快速发展阶段，西电东送与全国联网是这一时期电力工业建设的主题。本阶段，电力系统以区域电网为基础，以超高压、特高压交直流电网为载体，发展跨省大跨区的大规模电力资源配置，电网大范围资源配置能力显著增强，形成以东北、华北、西北、华东、华中（东四省、川渝藏）、南方六大区域电网为主体、区域之间异步互联的电网格局。

2012 年，全社会用电量达到 4.97 万亿千瓦时，人均用电量为 3667 kW·h，总发电装机容量仅 11.5 亿千瓦，最大单机容量为 108.6 万千瓦，电网最高电压等级为交流 1000 kV 和直流 800 kV，单通道最大输送容量为 700 万千瓦。

该阶段下中国工业化加速进行，电力生产高速增长；电网方面，输送能力稳步增强，西电东送规模增加，2009 年建成了 1000 kV 特高压交流输电项目。

4. 特高压电网发展阶段（2012—2020 年）

党的十八大后，我国进入中国特色社会主义新时代，电力工业开启高质量发展的新征程，逐步完成从以规模扩张为主转向以提高发展质量为主的根本性转变。节能减排、绿色发展成为电力工业发展的重要任务。伴随着华北、华东地区的大气污染防治行动，西电东送与区域特高压电网是这一时期的电力工业建设重点。同时，随着世界能源转型步伐加快，新能源进入规模化发展阶段，风电、太阳能发电并网装机发展到 5.3 亿千瓦。围绕新能源开发、输送、利用的电力系统新格局加速形成。

2020 年，全社会用电量达到 7.52 万亿千瓦时，人均用电量为 5331 kW·h，总发电装机容量仅 22 亿千瓦，最大单机容量为 175 万千瓦，电网最高电压等级为交流 1000 kV 和直流 1100 kV，单通道最大输送容量为 1200 万千瓦。

该阶段下电源结构趋于多元化和清洁化，形成"水火互济、风光核气生并举"的格局。电网推进了跨省输电、增加清洁能源配置范围、电网智能化、健全储能体系的发展。

5. 新型电力系统建设发展阶段(2021 年至今)

截至 2021 年，我国全社会用电量达到 8.3 万亿千瓦时，各类电源总装机规模为 23.8 亿千瓦，总发电量为 8.4 万亿千瓦时。非化石能源发电装机比重达到 48%，新能源装机和电量占比分别达到 27% 和 12%。

西电东送规模达到 2.9 亿千瓦，形成北、中、南三个通道。其中北通道 7589 万千瓦，包括三条特高压交流通道，两条特高压直流通道；中通道 15 188 万千瓦，包括两条特高压交流通道，12 条特高压直流通道；南通道 7589 万千瓦，包括四条特高压直流通道。全国形成以东北、华北、西北、华东、华中(东四省、川渝藏)、南方六大区域电网为主体、区域之间异步互联的电网格局。

该阶段电源结构将会侧重于发展新能源，风光发电比例快速增长，我国战略提出未来重点是发展新能源，节能降碳。电网提高新能源上网、消纳能力，并作出适配性改变。目前，我国发电装机总容量、非化石能源发电装机容量、远距离输电能力、电网规模等指标均稳居世界第一，有力地支撑了国民经济快速发展和人民生活水平不断提高的用电需求。与此同时，我国在发电及输变电装备制造、规划设计及施工建设、科研与标准化、系统调控运行等方面建立了比较完备的电力工业体系。

2.1.2 电力系统转型升级的历史必然性

从宏观层面来看，电力工业发展事关国家安全与国计民生。经过 70 余年的不懈奋斗，我国电力工业已经从新中国成立初期的小规模、分散供电系统逐步发展为世界上规模最大的全国互联电力系统，经历了由小到大、由弱变强、从落后走向先进的发展历程，有力地支撑了国民经济快速发展和人民生活水平不断提高的用电需求。

回顾这段历史我们不难发现，电力系统的发展从未停止过变革的脚步。

新中国成立初期是我国电网发展的兴起阶段，虽然百废待兴，但是各行各业生机蓬勃。当时的机组容量以 10 万～20 万千瓦为主，220 kV 及以下的城市电网、孤立电网和小型电网逐步形成，但客观经济和社会条件决定了电力系统发展仍有待加强，还存在如小机组、小电网经济性差，电网安全和供电可靠性低，电厂污染排放严重等问题。经历了 50 多年的奋斗，到 21 世纪初期，我国电网进入规模化发展阶段，人民用电基本实现"用得上、用得起、用得好"的目标，电力系统呈现出大机组、超高压输电、互联大电网的特征。

电力系统的发展主要为了解决我国当初的电力主要矛盾，电网系统发展主要为适应电源侧发生变化，如图 2－2 所示。

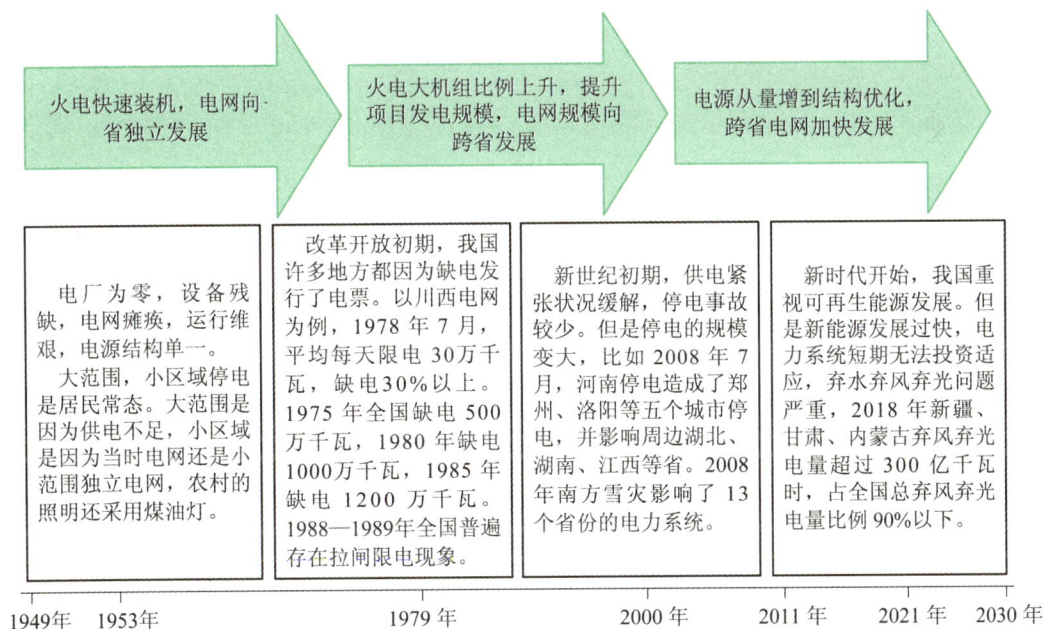

火电快速装机，电网向省独立发展	火电大机组比例上升，提升项目发电规模，电网规模向跨省发展	电源从量增到结构优化，跨省电网加快发展

电厂为零，设备残缺，电网瘫痪，运行维艰，电源结构单一。 大范围，小区域停电是居民常态。大范围是因为供电不足，小区域是因为当时电网还是小范围独立电网，农村的照明还采用煤油灯。	改革开放初期，我国许多地方都因为缺电发行了电票。以川西电网为例，1978 年 7 月，平均每天限电 30 万千瓦，缺电30%以上。1975 年全国缺电 500 万千瓦，1980 年缺电1000万千瓦，1985 年缺电 1200 万千瓦。1988—1989年全国普遍存在拉闸限电现象。	新世纪初期，供电紧张状况缓解，停电事故较少。但是停电的规模变大，比如 2008 年 7 月，河南停电造成了郑州、洛阳等五个城市停电，并影响周边湖北、湖南、江西等省。2008年南方雪灾影响了 13 个省份的电力系统。	新时代开始，我国重视可再生能源发展。但是新能源发展过快，电力系统短期无法投资适应，弃水弃风弃光问题严重，2018 年新疆、甘肃、内蒙古弃风弃光电量超过 300 亿千瓦时，占全国总弃风弃光电量比例 90%以下。

1949年　1953年　　　　　　　1979年　　　　　　2000年　　　2011年　　　2021年　2030 年

图 2－2　各个阶段电力系统发展面临的问题及改革方向

历史上，电源侧为了解决供电短缺问题而不断发展，电网侧配合电源侧不断加大配送范围形成省独立电网，从而提高负荷电压和规模；随着电源向大机组趋势发展，电源集中化，电网继续扩大配送范围，以解决电源集中与负荷分散的问题。21 世纪以来，新能源革命悄然兴起，接纳大规模可再生能源和智能化电力在世界范围内达成了共识，世界各国的能源和电力发展都面临着空前的转型挑战。我国以煤炭为主的能源结构和电源结构需要逐步改变，可再生能源核能和天然气等清洁能源随电力发展迎来契机。与此同时，我国经济飞速发展，社会民生不断进步，我国社会主要矛盾已经转化为人民日益增长的美好生活需要和不平衡不充分的发展之间的矛盾。内外因共同作用驱动电力系统发展全面提速，电源结构虽仍然以化石能源为主，但新能源发展异军突起，弃风弃光得到显著改善，特高压交直流混联的大型互联电网格局逐步形成，电网安全水平和供电可靠性位居世界前列。目前我国电力装机总容量、非化石电源装机容量、远距离输电能力、电网规模等指标均稳居世界第一。同时应该清醒地认识到，高比例新能源、高比例电力电子设备的加速发展将给电力系统带来深刻变化，供电保障、新能源消纳、安全性与经济性等一系列问题逐步显现，在这个重要的历史节点，"双碳"目标的提出将为21世纪电力系统的发展注入一剂强心针。要实现"双碳"目标，继续推动新能源加速发展，构建新型电力系统迫在眉睫。

经历了一代代经验传承和持续创新，遵循电力系统每个阶段发展的客观规律，初步推测下一个阶段电力系统的蜕变需要约40年的时间，这与我国2060年达到碳中和的愿景是完全吻合的，"双碳"目标下新型电力系统的构建将成为电力系统升级转型的历史必然趋势。

从技术层面来看，由于新能源等电力电子设备耐受异常电压和频率的能力低，基本不能向电网提供有效的惯量支撑和短路电流支撑，高比例新能源系统低抗扰性、低惯量、低短路容量的"三低"特征已经威胁到电力系统的安全稳定运行，从2016年澳大利亚"9.28停电"和2019年英国"8.9停电"等几起国外大停电事故中可见一斑。

2016年9月28日，一股强台风伴随暴风雨袭击了南澳大利亚州，五次线路故障产生的六次电压跌落深度逐次递增，最后一次跌落导致电压反复振荡最终归零。六次电压跌落期间风电机组累计脱网约50.5万千瓦，Heywood联络线（最大容量为60万千瓦）故障前潮流为52.5万千瓦，风电机组脱网后潮流瞬间增大85～90万千瓦，联络线跳开系统成为孤网随即崩溃，最终演变成50小时后才恢复供电的全州大停电。

2019年8月9日，由于雷击引起英国电网线路EatonSocon-Wymondley单相接地短路故障，线路停运，后续诱发一系列故障，包括风电场出力下降、燃气机组停运、分布式电源脱网，累计功率缺额（169.1万千瓦）超过电网的频率调节能力（100万千瓦），频率下降到48.8 Hz，触发低频减载动作切除93.1

万千瓦负荷后，系统频率逐步恢复。

事故发生前，上述电网均呈现高比例新能源、高比例电力电子设备的"双高"特征。其中，南澳大利亚州电网事故发生前总发电电力为 182.6 万千瓦，风力及太阳能发电电力为 88.3 万千瓦，占比 48.36%；英国电网事故发生前发电即时出力中，集中式风电出力占比 27%，分布式风光出力占比 13%，直流受入占比 7%，即无惯量电源占比接近 50%。事故的原因主要归咎于"双高"电力系统的"三低"特征，此外还存在涉网保护与控制、机组源网协调、隐性故障、连锁故障等问题。

从国外大停电事故中我们得到启示，随着新能源开发规模的高速增长，系统安全性约束对新能源消纳水平的影响开始显现，现有电网对高比例新能源的承载能力是有极限的。

随着新能源发电占比的进一步提升，现有的技术难以支撑高比例新能源电力系统的发展，需要对电力系统进行全方位的升级改造，构建新型电力系统将成为电力系统升级转型发展的必然趋势。

构建新型电力系统，是中央对新发展阶段我国能源电力事业发展方向的重大判断。其主要包括主体电源的切换、运行机制的调整、用能模式的改变、市场体系的重塑，现有的电力结构、发展方式、产业形态、体制机制、科学技术等都将发生深刻变革；它是"四个革命、一个合作"能源安全新战略的最新实践与发展；是碳达峰、碳中和目标背景下能源革命内涵的深化，明确了电力系统未来发展的目标与方向。具体而言，在能源供给革命方面，新型电力系统将以新能源为供应主体，同时深度替代其他行业的化石能源使用，对建立多元能源供应体系、保障供应安全具有重要意义。在能源消费革命方面，新型电力系统将通过电能实现替代能源消费高度电气化，有助于提高用能效率、控制能源消费总量，加快形成清洁低碳和节能型社会。在能源技术革命方面，新能源发电广泛替代常规电源将深刻改变电力系统技术基础，转型将全面促进电力技术创新、产业创新、商业模式创新，催生产业升级的新增长点。在能源体制革命方面，构建新型电力系统是一项长期的系统性工程，现有电力结构、发展模式、利益格局均面临革命性变化，要求全面深化电力体制改革，进一步发挥市场在能源清洁低碳转型与资源配置中的决定性作用。在能源国际合作方面，我国已成为全球最大的可再生能源市场和设备制造国，新型电力系统的建设将更加有力地推动我国可再生能源技术装备和"走出去"服务，为全世界绿色低碳发展、打造能源命运共同体贡献中国力量、中国智慧和中国方案。

◀◀ 2.2 新型电力系统的内涵

2.2.1 新型电力系统的基本特征

构建新型电力系统是实现"双碳"目标的必然选择。新型电力系统的核心特征是使新能源成为电力供应的主体，主要目标是清洁低碳、安全可靠、智慧灵活和经济高效，实现路径包括装备技术与体制机制创新、多种能源方式互联互济和源网荷储深度融合等。

国家电网在其发布的新型电力系统行动方案中提出：新型电力系统是以新能源为供给主体，以确保能源电力安全为基本前提，以满足经济社会发展电力需求为首要目标，以坚强智能电网为枢纽平台，以"源网荷储"互动与多能互补为支撑，具有稳定可靠、清洁低碳、安全可控、灵活高效、开放互动、智能友好基本特征的电力系统。

（1）稳定可靠是指具备稳定充足的一次能源供应，发挥常规电源支撑调节和托底保障功能，加强大电网资源优化配置和电力跨区跨省余缺互济，以保障电力安全可靠供应。

（2）清洁低碳是指形成清洁主导、以电为中心的能源供应和消费体系，生产侧实现多元化、清洁化、低碳化，消费侧实现高效化减量化电气化。

（3）安全可控是指新能源具备主动支撑能力，分布式电源和微电网能做到可观可测可控，大电网规模管理、结构坚强，构建安全防御体系，增强系统韧性、弹性和自愈能力。

（4）灵活高效是指发电侧、负荷侧调节能力强，电网侧资源配置能力强，从而实现各类能源互通互济、灵活转换，提升整体效率。

（5）开放互动是指适应各类新技术、新设备以及多元负荷的大规模接入，与电力市场紧密融合，达到各类市场主体广泛参与、充分竞争、主动响应、双向互动的目标。

（6）智能友好是指高度数字化、智慧化、网络化，实现对海量分散对象的智能协调控制，实现"源网荷储"各要素友好协同。

2.2.2　新型电力系统的能源转型新变化

新型电力系统有力支撑能源转型与"双碳"目标，同时，能源转型也驱动电力系统发生了深刻变化。"双碳"目标下，能源的生产、消费和利用呈现新的发展趋势，能源结构调整带来电源主体的颠覆性变化，能源深度脱碳带来社会生产生活用能方式的转变，这些都将给电力系统的电源结构、负荷特性、电网形态、技术基础以及运行特性带来深刻的新变化。

1. 电力系统电源新构成

电源构成上由可控连续出力的煤电装机占主导，向强不确定性、弱可控出力的新能源等可再生能源发电装机占主导方面转变。主要表现在以下方面：

（1）电源结构上。从煤电装机和电量占主导，逐步演进为以风光为代表的新能源发电装机占主导，最终实现新能源电量占主导。

（2）开发模式上。以集中式开发为主，逐步演进为集中式开发和分布式开发并存。

（3）功能定位上。煤电、水电等常规电源从以电量和支撑调节责任为主逐步退化为发挥支撑调节功能为主，新能源从提供电量为主逐步演进为以电量和支撑调节责任为主。

（4）出力特性上。从确定性、可控出力占主导，逐步演进为强不确定性、弱可控出力占主导。

（5）并（组）网方式上。新能源发电将从目前跟随电网电压频率和相位的锁相同步电流源并网，转变为自主构造生成电压频率和相位的自同步电压源组网，后者更具主动支撑及组网运行能力。

据测算到 2060 年，新能源发电装机约占电源总装机容量的 65%，电量占比约 56%，见表 2-1 和表 2-2。

表 2-1 各类电源装机占比

装机占比/%	非化石能源							化石能源	
	新能源		其 他						
	风电	光伏	常规水电	抽蓄	核电	生物质及其他	非抽蓄储能	燃煤	燃气
2030年	33.1~40.9		23.6~22.0					43.3~37.1	
	15.2~16.9	17.9~24.1	11.2~9.7	3.3~2.9	3.3~2.9	3~2.6	2.8~3.9	37.3~31.3	6.1~5.8
2060年	64.8		24.0					11.2	
	28.5	36.3	7.6	2.9	5.7	2.9	4.9	5.6	5.6

表 2-2 各类电源电量占比

发电量占比/%	非化石能源					化石能源	
	新能源		其 他				
	风电	光伏	水电	核电	生物质及其他	燃煤	燃气
2030年	17.4~24.1		26.1			56.4~49.8	
	10.3~13.1	7.1~11.0	13	7.9	5.2	48.7~41.1	7.7~8.4
2060年	56.2		35.6			8.1	
	30.0	26.2	13.0	18.3	4.3	4.2	3.9

2. 电力系统负荷新特性

电力系统负荷特性逐步由传统的刚性、纯消费型向柔性、生产与消费兼具型转变，"被动型"向"主动型"转变。终端能源消费结构从以传统的石油、煤炭等化石能源为主逐步转变为以清洁能源为主，逐步显现低碳特征，终端用能效率持续提升。电能替代深度、广度不断拓展，温升型、冲击型的新兴负荷大量涌现，预计到 2060 年，终端电气化率将达到 70%。

源—荷角色转换呈现随机性。在运行特性上，消费侧含高比例分布式电源与可调节负荷资源，终端用户源—荷角色转换随机性大，由于受气候等极端天气影响，冬夏季负荷波动性将对电网安全运行带来新的挑战，供需平衡调节难度大幅增加。

电能消费从刚性需求向高弹性柔性需求转变。在互动模式上，终端负荷特性逐步从以社会生产生活为主要驱动力的"被动型"向具有灵活互动能力的"主动型"转变。随着需求侧价格型、激励型响应机制的不断完善，引导终端用户能源消费从刚性需求向具有高弹性的柔性需求转变，网荷互动能力持续提升。预计到 2060 年，可调节负荷建设规模将达到电网最大负荷的 15％。

3. 电力系统电网新形态

电力系统电网形态由单向逐级输电为主的传统电网，向包括交直流混联大电网、微电网、局部直流电网和可调节负荷的能源互联网转变。主要体现在以下 4 个方面。

（1）电网结构层次形态。电网外在形态从输配用单向逐级多层次结构网络过渡到输配用＋微电网的多元双向混合层次结构网络，电网功能形态也将从电力资源优化配置平台逐步演进为能源转换中枢。

（2）源端汇集接入组网形态。从单一的工频交流汇集接入过渡到工频、低频交流汇集组网、直流汇集组网接入等多种形态。

配电网从接受并分配电能的形态，逐步演进为分布式电源与负荷部分平衡、交直流混合供电、以分布式消纳为主的自治形态。当分布式电源渗透率极高时，局部配电网将进一步演进为以电源密集为场景、大量电能送至上级电网的上送型为主的新形态。

微电网将呈现分散式布局、集群化管控、交直流混联、多能流耦合的形态特征，并网型与离网型微电网协调发展，电网、微电网和用户间柔性交互，为高比例分布式新能源接入电网提供有效的技术缓冲。

新能源汇集组网从工频交流汇集组网逐步演进为与低频交流汇集组网和直流汇集组网并存。考虑到直流变压器及直流电网技术的成熟，可在送端形成广域大规模集中式新能源，通过直流汇集外送的直流电网，如东北、西北和深远海风电送出系统。

（3）输电网形态。大电网从以交直流远距离输电、区域交流电网互联为主，逐步演进到交直流互联电网和局部直流电网并存，从以单向输电为主逐步演进到单向输电和双向互济并存。

（4）终端网络形态。实现电力供应网络与能源网络的互联互通。

4. 电力系统技术基础新变化

电力系统技术基础新变化表现为以下 4 个方面：

一是体现在由同步发电机为主导的机械电磁系统,向由电力电子设备和同步机共同主导的混合系统转变。

二是物理形态将从以同步发电机为主导的机械电磁系统,转变为由电力电子设备与同步机共同主导的功率半导体/铁磁元件混合系统。

三是动态特征将从机电暂态和电磁暂态过程中的弱耦合向强耦合转变。

四是稳定特性将从以工频稳定性为主导向工频和非工频稳定性并存转变。

5. 电力系统运行新特性

电力系统运行新特性主要体现在从依靠充裕度确保发电与用电平衡的运行方式,转变为"发电从优、用电可调、发用联动"的运行方式。

电力系统运行新特性表现为以下 3 个方面:

一是电力系统运行特性由"源随荷动"的实时平衡模式、大电网一体化控制模式,向源网荷储协同互动的非完全实时平衡模式、大电网与微电网协同控制模式转变。

二是储能作为电网的一种优质的灵活性调节资源,同时具有电源和负荷的双重属性,可以解决新能源出力快速波动问题,提供必要的系统管理支撑,提高系统的可控性和灵活性。在新型电力系统下,储能是支撑高比例可再生能源接入和消纳的关键技术手段,在提升电力系统灵活性和保障电网安全稳定等方面具有独特优势。储能将成为电力系统不可或缺的电力要素,传统电力发、供、用电同时完成的特性正在部分被改变,创造了电力电量平衡的新模式。电力系统平衡模式将从源随荷动的源荷实时平衡模式,转变为由规模化储能、可调负荷以及多能转换等共同参与缓冲的,具备更大时间和空间尺度的非完全源荷实时平衡(日内平衡、长周期平衡)模式,发电与负荷从强耦合逐步转变为弱耦合。

三是由于风光等新能源发电全部来源于气候资源,系统运行将高度依赖于气象条件。气象条件影响范围涵盖发电、输电、用电全环节。

2.2.3　新型电力系统的基本属性

1. 新型电力系统仍是交流同步的电力系统

据测算,2030 年同步机组(水、火、核等)的出力占全年(8760 h)总负荷之比均大于50％，同步机组出力全年占据主导地位，见表2-3；2060年，同步机组出力占总负荷的比重仍在25％～79％，出力占比大于40％的累计时段仍达全年时长的84％，出力占比大于50％的累计时段仍达全年时长的53％；而且风光新能源机组也都是采用锁相同步电流源形式或更先进的自同步电压源形式。以上因素都充分说明未来新型电力系统的基础仍是交流同步运行机制，新能源等通过电力电子设备并网的电源需要承担与其出力占比（占总负荷的21％～187％）相匹配的支撑与调节能力责任主体地位。

表 2-3　2030 年和 2035 年同步机组出力小于对应负荷占比的累计持续小时数

同步机组出力占 负荷的标幺化比值	同步机组出力大于或 等于相应比值的累积 持续小时数（2030 年）/小时	同步机组出力大于或 等于相应比值的累积 持续小时数（2035 年）/小时
0	8760	8760
0.2	8760	8760
0.4	8760	8760
0.5	8760	8703
0.6	8667	7919
0.8	5326	4735
1	0	0

2. 新型电力系统中大电网仍将发挥重要作用

大规模清洁能源同步机组接入需要大电网。水电、核电作为清洁电源，仍将在新型电力系统中发挥重要作用，截至2020年底，我国已建和在建装机规模超过500万千瓦的水电站就有7个，最大核电站规模（田湾）超过900万千瓦，从电力系统安全稳定考虑，水电、核电、火电的单机和单厂规模巨大，"大机（厂）"需要匹配接入"大网"才能保障系统安全稳定运行和电力充分消纳。

西部、北部的新能源集中式大规模开发，需要跨区互联大电网才能满足其新能源外送消纳需求。初步测算，到2060年，风、光资源禀赋突出的西北、东北地区装机、发电量将分别达到13亿千瓦、2万亿千瓦时和5.6亿千瓦、

7800 亿千瓦时，除本区域消纳外，分别约 1/3、1/4 的新能源发电量需要通过互联大电网外送。

从电力供应保障的角度看，大电网互联有助于提高新能源发电的最小出力水平。新能源发电具备随机性、波动性和间歇性，但其地域分布越广，其聚合规模越大。由于风光自然资源的天然互补特性，新能源发电的随机性、波动性和间歇性就越弱。因此，充分利用自然资源的时差和互补性，可以有效提升新能源发电的最小出力水平。据统计测算，2060 年国网经营区各区域的风电最小日均出力水平为 2%～5%，而整个国网经营区的风电最小日均出力水平可提升至约 10.5%。

西部的大库容水电是全国性的长时间尺度的调节资源，需要通过大电网实现其电力电量的优化配置。具有大库容的水电站将成为重要的调节电源，是新型电力系统突破电量日调节（电化学储能基本只能实现日平衡调节）以及实现周、月乃至季度调节的重要保障，而我国水电主要集中在西南、西北地区，仍然需要通过大电网优化配置。

3. 新型电力系统是一个开放包容的系统

在新型电力系统中，源、网、荷、储等多要素、多主体协调互动，交直流混联大电网、微电网、局部直流电网等多形态电网并存，新能源发电等电力电子设备与常规同步机组协调运行，物理设备一次系统、信息通信二次系统、市场交易运营系统等多层系统并存，电力系统与氢、气、冷、热等多种能源系统互联互动，构成了一个开放包容、充满活力的健康生态系统，将吸引社会各界力量的广泛参与。

4. 新型电力系统是新型数字技术与传统技术深度融合的电力系统

新型电力系统既是与新型数字化技术深度融合的智能电网平台，也是灵活、高效、广泛的市场资源配置平台。通过加快构建坚强骨干网架，深化"大云物移智链"等先进信息通信技术、先进控制技术和能源技术深度融合应用，为能源资源优化配置、源网荷储多要素互动打造高效互动的社会信息物理系统（CPSS）基础平台，不断提升系统承载能力、资源配置能力、要素交互能力和安全防御能力，有效支撑新能源大规模消纳，有力承载和支持电力市场及碳市场运营，充分发挥以电为中心的能源交换枢纽平台作用。

5. 新型电力系统的构建是一个渐进过渡式的发展过程

我国从 20 世纪 80 年代开始建设大容量化石能源机组(60 万千瓦以上)和大电网互联为主体的现代化电力系统,至今经历了 40 年左右的时间。以新能源为主体的新型电力系统建设同样要经历转型期、建设期和成熟期,其需要的关键技术也需要经历从研发、试点到推广的较长周期,因此新型电力系统的构建必然是一个长时间的渐进式发展过程。

2.3　新型电力系统的构建

2.3.1　新型电力系统的构建原则

本节以"双碳"目标为约束,统筹考虑发展与安全、电力供应与清洁转型、存量与增量的关系,从电源结构主体、"源网荷储"协同发展、保障电力供应与系统安全、技术创新驱动等方面提出新型电力系统的构建原则。

(1)坚持以清洁低碳能源为主体的能源供应体系。以沙漠、戈壁、荒漠地区为重点,加快推进大型风电、光伏发电基地建设,对区域内现有煤电机组进行升级改造,探索建立送/受两端协同为新能源电力输送提供调节的机制,支持新能源电力能建尽建、能并尽并、能发尽发。各地区按照国家能源战略和规划及分领域规划,统筹考虑本地区能源需求和清洁低碳能源资源等情况,在省级能源规划的总体框架下,指导并组织制定市(县)级清洁低碳能源开发利用、区域能源供应等相关实施方案。各地区应当统筹考虑本地区能源需求及可开发资源量等,按就近原则优先开发利用本地清洁低碳能源资源,然后按需要积极引入区域外的清洁低碳能源,形成优先通过清洁低碳能源来满足新增用能的需求并逐渐替代存量化石能源的能源生产消费格局。鼓励各地区建设多能互补、就近平衡、以清洁低碳能源为主体的新型能源系统。

(2)坚持"源网荷储"统一规划,推动"源网荷储"的互动融合。通过健全、完善市场化调节和补偿机制，按照优先就地、就近平衡的原则布局电源，从而加快调峰电源建设。挖掘负荷侧和储能系统的调节潜力，实现多方面灵活性资源参与电力系统调节。统筹送端电源、受端市场和沿途走廊，按照"风光煤储输"一体化原则，科学规划新建跨区输电通道。统筹各类电源协同发展，继续发挥煤电兜底的保障作用，提高化石能源的使用效率和调节能力，多元化发展核电、常规水电、抽水蓄能等其他清洁能源，循序渐进地推动以新能源为主体的电源结构演变。统筹多种电网形态相协调，进一步完善主网架建设，提升配电网协调运行控制水平，促进多元化源荷的即插即用与分布式新能源的就地消纳，逐步实现从"以大电网为主"向"大电网、分布式、微电网多种电网发展形态并举"的方向转变，充分发挥电网的灵活资源优化配置平台作用。

（3）坚持保障电力供应和系统安全的底线。提高电网安全稳定运行水平和电力供应保障能力。构建规模合理、分层分区、安全可靠的电力系统，要求电网具备对高比例新能源、直流等电力电子设备的承载能力，要求电源装机的类型、规模和布局合理，并具有足够的支撑和调节能力，要把新能源的波动性、间歇性的特点通过系统的灵活调节变成友好的、确保用户供应的新型系统。要完善"三道防线"，防范大面积停电风险。应强化电力安全和抗灾能力，扎实提升电力工业本质的安全水平。

（4）坚持高效与创新并举。① 利用综合资源盘活效率，提高跨省区输电通道利用水平，充分考虑需求侧响应、备用共享等措施，加强跨区域风光水火联合调度和省间调峰互济，发挥多元化负荷的集群规模效应，参与电网调峰与优化运行。供给侧实现多能互补优化，消费侧要电热冷气多元深度融合，实现高比例新能源充分利用与多种能源和谐互济，提升电力系统的整体效率。② 利用核心技术驱动创新，加强能源电力重大关键技术和装备的集中攻关、试验示范、推广应用。促进人工智能、大数据、物联网等现代信息通信技术与先进能源电力技术的深度融合，持续提升电网自动化、数字化、信息化、智慧化水平，推动电网与其他能源系统广泛互联、互通互济，形成具有我国自主知识产权的新型电力系统关键技术体系。

（5）坚持循序渐进原则。技术进步与新型电力系统发展齐头并进。能源电力行业技术资金密集，存量系统庞大，转型对路径高度依赖，因此需要渐进过渡式发展。短期来看，新能源快速发展迫在眉睫，急需成熟、经济、有效的方案来应对当前面临的问题和挑战。长远来看，当前电力系统物质基础和技术基础不足以支撑实现以新能源为主体的新型电力系统，必须在颠覆性技术上取得突破。颠覆性技术发展成熟需要较长时间，同时存在众多候选，不同技术将导向不同的电力系统形态，未来发展路径存在较大的不确定性。因此，近期应重点挖掘先进成熟技术潜力，支撑新能源快速发展，并同步开展颠覆性技术攻关，为未来构建新型电力系统做好技术储备。远期在颠覆性技术取得突破后，电力系统逐步向适应颠覆性技术的新形态转型。

2.3.2　新型电力系统的发展阶段

从 21 世纪初开始，随着新能源的快速发展，电力系统开始进入转型期。经过 20 年的发展，人们对于新能源快速发展带来的问题和挑战已经有了较为深入的认识，一些基本的技术铺垫已经完成，并积攒了一定的系统运行经验。随着"碳中和"目标和"以新能源为主体的新型电力系统"目标的提出，各行业的电能替代和新能源的发展都进入加速期，2021—2060 年，新能源的建设平均速度将达到每年 1 亿千瓦，电力系统发展目标较以前更加明确。

按照国家"双碳"目标和电力发展规划，预计到 2035 年基本建成新型电力系统，到 2050 年全面建成新型电力系统。2021—2035 年是建设期，新能源装机成为第一大电源。电力系统总体维持较高转动惯量和交流同步运行的特点，交流与直流、大电网与微电网协调发展，大规模配置系统储能，负荷侧广泛参与系统调节，常规电源逐步转变为调节性和保障性电源，发电机组出力和用电负荷初步实现解耦。2036—2060 年是成熟期，新能源将成为电力电量供应主体。分布式电源、微电网、交直流组网与大电网融合发展。储能在源网荷各环节全面应用，负荷侧全面深入参与系统调节、双向互动，火电通过 CCUS 技术实现净零排放，成为长周期调节电源，发电机组出力和用电负荷全面实现解耦。

2021—2060 年，电力系统的驱动力、新能源的定位不断变化，随着技术的发展，电力系统平衡模式、电网形态等都将随之出现阶段性特点。总体上，新型电力系统构建过程可分为三个阶段，即第一阶段（2021—2030 年）、第二阶段（2031—2045 年）、第三阶段（2046—2060 年），各阶段主要特征见

表 2 - 4。

表 2 - 4　2021—2060 年新型电力系统发展三个阶段的主要特征

<table>
<tr><td colspan="2"></td><td>第一阶段
(2021—2030 年)</td><td>第二阶段
(2031—2045 年)</td><td>第三阶段
(2046—2060 年)</td></tr>
<tr><td colspan="2">驱动因素</td><td>需求、新能源双轮驱动</td><td>新能源广泛接入，驱动为主</td><td>技术驱动</td></tr>
<tr><td rowspan="6">建设目标</td><td>新能源规模</td><td>超过 12 亿千瓦，2 万亿千瓦时</td><td>超过 29 亿千瓦，5.2 万亿千瓦时</td><td>超过 50 亿千瓦，9.3 万亿千瓦时</td></tr>
<tr><td>新能源定位</td><td>装机规模第一</td><td>电量供应第一</td><td>电力、电量、责任的主体</td></tr>
<tr><td>电力碳排放</td><td>45 亿吨</td><td>31 亿吨</td><td>0(CCUS 中和情况下)</td></tr>
<tr><td>平衡模式</td><td>实时平衡为主，部分地区日平衡</td><td>日平衡</td><td>长周期平衡</td></tr>
<tr><td>电网结构</td><td>交直流大电网为主干，有源配电网、微电网快速发展</td><td>配电网、微电网、新能源交直流组网广泛存在</td><td>电网与能源网络互联互通</td></tr>
<tr><td>依托技术</td><td>常规电源改造、分布式调相机、新能源主动响应、虚拟电厂、源网荷储一体化控制技术、数字化技术等推广应用</td><td>新能源电压源型接入及控制、大容量储能、电制氢、灵活直流组网、CCUS 等技术集成应用</td><td>可控核聚变发电、超导输电、管廊输电(输氢)试点应用</td></tr>
<tr><td colspan="2">建设重点</td><td>自然条件好的地区开展低碳/零碳示范区建设并推广</td><td>形成共性地区的新型电力系统建设标准，并推广建设</td><td>全面建成</td></tr>
<tr><td colspan="2">市场环境</td><td>辅助服务市场成熟</td><td>碳-电市场融合</td><td>全方位的成熟能源市场</td></tr>
<tr><td colspan="2">建设主体</td><td>电力企业</td><td>能源企业</td><td>全社会</td></tr>
</table>

各阶段具体情况详述如下：

第一阶段(2021—2030 年)：新能源和电能替代需求双轮驱动发展。从源侧看，新能源装机超过 12 亿千瓦，成为第一大装机电源，发电量超过 2

万亿千瓦时,电力生产碳排放约 45 亿吨。从网侧看,跨省跨区电力交换需求呈增长趋势,交直流输电网骨干网架作用进一步突出,分布式电源开发促使微电网、综合能源网络的快速发展。从平衡特性看,"双高"电力系统特征进一步显现,系统平衡模式仍以实时平衡为主,储能在部分地区发展较快,可以实现日内平衡。从技术发展看,电源改造技术全面实施是保障新能源消纳的主要措施;分布式调相机、新能源主动响应技术是维持系统安全稳定的主要措施,新能源发电自同步电压源技术逐步成熟;虚拟电厂等数字化技术是提升负荷响应能力的主要技术手段,电力辅助服务市场进入成熟阶段。从工程实施看,在具备良好自然条件的西藏、青海、南疆等地开展低碳/零碳示范区建设,电网公司、发电集团、储能电厂等共同参与建设,形成可推广的商业合作模式。

第二阶段(2031—2045 年):新能源的广泛接入和高效利用是发展的主要动能。从源侧看,新能源装机达到 29 亿千瓦,发电量达到 5.2 万亿千瓦时,成为第一大电量供应电源,电力生产碳排放约 31 亿吨。从网侧看,新能源电压源型接入技术和直流灵活组网等技术成熟,新能源组网形态多样化,有源配电网、微电网和综合能源网络广泛存在,就近消纳分布式电源。从平衡特性看,经济的大容量电化学储能被广泛应用,可以普遍实现日内平衡。从技术发展看,自同步电压源技术得到全面推广应用,电制氢、电力与其他能源形式的互联互通可以进一步提升负荷响应能力,碳市场与电市场交易通道建成。从工程实施看,低碳/零碳从示范区域向同性质区域推广。各类能源企业在供给侧和消费侧与电力系统企业深度合作,将全面参与到新型电力系统建设中。

第三阶段(2046—2060 年):新技术的成熟和应用成为新的主要驱动因素。从源侧看,新能源装机达到 50 亿千瓦,发电量达到 9.3 万亿千瓦时,随着 CCUS 技术的推广应用,电力系统中各类电源的占比进入稳定期,电力生产达到净零排放,新能源充分发挥支撑作用,成为电力、电量、责任"三位一体"的主体。从网侧看,微电网、综合能源网络得到进一步发展,与大电网融为一体,与能源网络互联互通,各种类型、规模和分布的电源,以及各种用能形式的负荷均可实现即插即用。从平衡特性看,水电等常规电源转化为调节和辅助支撑电源,系统可以实现从周到季的长周期平衡。从技术发展看,

CCUS、电制氢全面成熟应用，可控核聚变等颠覆性技术可能获得突破并应用于能源供应领域，推动电力系统进入新的发展阶段。从工程实施看，全方位的能源市场体系将推动全社会参与新型电力系统建设，新型电力系统全面建成。

第3章　新型电力系统的电网数字化

3.1　电网数字化的意义与现状

3.1.1　电网数字化的意义

新一轮信息技术蓬勃发展，深刻地改变着人们的生产生活，有力推进社会发展，推动全球加速进入数字经济时代。国际电信联盟发布的《2020年数字经济展望》指出，为了满足人们及时、安全、可靠地访问国内和跨境数据的需求，各国政府、企业和研究人员在数据方面的全球共享与合作正达到前所未有的水平。数字化转型驱动世界变革，推动数字经济和产业经济的实体融合，加快数字经济和数字社会建设。据权威研究机构测算，数字化转型正在为全球的企业及其产业链条带来高达每年18万亿美元的额外商业价值，数字化的业务规模已占到普通企业总收入的三分之一以上，且仍处于快速增长中。面对突如其来的新冠疫情，以5G、人工智能、云计算、区块链等为代表的新兴数字技术，有效助力各国统筹抗疫，并推动数字经济迅速发展，全球数字经济增速持续超过经济总体增速，在经济总量中的占比不断增大。2020年，全球数字经济规模超过32.9万亿美元，较疫情前的2019年提升2.6%。与此同时，2021年，以沉浸式体验、虚拟身份认同、多元化为特征的元宇宙受到广泛关注，成为全球互联网企业和资本争相追逐的目标，是未来重要的全球赛道，为人类社会数字化提供了新的路径。

随着移动支付、移动网络、人脸识别等数字技术的快速普及，我国数据总量呈现爆发式增长，已成为全球数字化大国。2015年，习近平总书记在第二届世界互联网大会开幕式上首次提出中国正在实施"互联网＋"行动计划，推进"数字中国"建设。2017年，党的十九大指出，要建设网络强国、数字中国、智慧社会，推动互联网、大数据、人工智能和实体经济深度融合，将"数字中国"建设提升到国家战略的新高度。2021年《中华人民共和国国民经济和社会发展第十四个五年规划和2035年远景目标纲要》中明确提出，迎接数字时代，激活数据要素潜能，推进网络强国建设，加快建设数字经济、数字社会、数字政府，推动构建网络空间命运共同体，以数字化转型整体驱动生产方式、生活方式和治理方式变革。

电网企业高度重视数字技术在企业数字化转型中的创新引领作用，深刻认识到数字技术必将极大促进新型电力系统的发展，具体体现在以下五个方面：

（1）数字化促进电能消费变革，推动新型电力系统清洁低碳。利用数字技术，推进电源、电网、用户及第三方运营商等各类市场主体共同参与的绿电交易平台的建设，引导绿色生产与绿色消费，提高终端电气化水平，推动电力系统清洁低碳。

（2）数字化促进电网安全变革，推动新型电力系统安全可控。利用数字技术，打造覆盖"源网荷储"各环节信息物理深度融合的数字孪生电网，通过从物理世界到数字空间的完整映射和仿真计算，实现对电力系统的感知、诊断、预测与优化，保障系统运行安全。通过构建覆盖电力生产运行、经营管理及互联网业务的全场景网络安全防护体系，保障电力系统信息安全。

（3）数字化促进电网生产变革，推动新型电力系统灵活高效。利用数字技术，实现对新能源出力、供电负荷的精准预测，构建全景观测、精准控制、主配协同的新型调控系统，提高电源侧新能源高水平消纳能力、电网侧资源优化配置能力及负荷侧需求响应能力，实现电力系统灵活高效。

（4）数字化促进电网运行优化，推动新型电力系统智能友好。利用数字技术，支撑构建具备高承载、高互动、高自愈、高效能特征的多元融合弹性电网，实现对海量分散的发供用对象的智能协调控制，满足高比例分布式电源灵活并网、海量柔性负荷可靠接入需求。

（5）数字化促进能源生态整合，推动新型电力系统开放互动。利用数字技术，推动能源生态系统利益相关方开放共享，驱动能源行业全要素、全产业链、全价值链协同优化、深度互联，充分挖掘数据价值，实现用户差异化服务，构建数据共享、价值释放、共存共荣的新型电力系统开放互动生态。

3.1.2　电网数字化的现状

近几十年计算机、自动控制和通信技术的飞速发展为数字化技术打下了坚实的基础。数字化技术已经逐渐渗透到电网的规划、计划、建设、运行、安全、调度、营销等各个环节中，很多基础的单元也开始实现数字化。因此，站在更高层面上的"数字化电网"概念也于近年逐渐浮出水面。从对数字化技术在各个行业中的应用分析来看，"数字化"不仅包括很重要的模型化意义，还有多源信息采集、整合处理、仿真、可视化展示和辅助决策的含义。因此可以认为，各类针对电网设备、运行工况和拓扑结构的建模技术、传感器技术、数据采集和传输技术、地理信息系统、动态模拟和仿真、3D 虚拟现实、优化计算等均属于数字化电网范畴内的基础技术。而且，基于这些基础技术外延或派生出的其他各类相关技术也可纳入数字化电网的技术范畴。数字化电网的推行，可以通过高效的数据采集以及先进的数据处理和控制手段来提高电网企业的生产效率，保证电力生产的安全。但也正因为数字化电网涉及的技术范围广、种类多，所以全面地实现数字化电网也是一个很复杂的课题。

2020 年，国务院国资委组织实施国有企业数字化转型专项行动计划，印发了《关于加快推进国有企业数字化转型工作的通知》，要求加快推进产业数字化转型，明确提出打造能源类企业数字化转型示范，为电网企业的数字化转型指明了方向。

电网数字化是适应能源革命和数字革命相融并进趋势的必然选择，以数字技术为电网赋能，促进"源网荷储"协调互动，推动电网向更加智慧、更加泛在、更加友好的能源互联网升级。国家电网、南方电网等电网企业高度重视数字化工作，积极开展数字化顶层设计工作。

国家电网编制了该公司的"十四五"数字化规划，明确了"十四五"期间国家电网数字化工作的发展架构、目标任务与路径重点。国家电网认为数字化不仅是能源互联网能源网架、信息支撑、价值创造体系建设的内在需求，还将从支撑管理信息化向能源互联网全环节数字化延伸,从服务内部为主向内外并重延伸,需要统筹内部外部需求,着力打造数字化赋能工程,赋能电网和公司高质量发展。国家电网提出到"十四五"末,基本建成覆盖能源互联网生产传输、消费交易、互通互济各环节全场景的信息支撑体系,融通能源流和信息流,共筑价值创造体系,并且计划实施"打造新型数字基础设施、打造企业中台、释放数据价值、赋能电网生产、赋能企业经营、赋能客户服务、赋能新兴产业、强化安全防护、强化技术引领、强化运营支撑"十大数字化赋能任务。

2020 年,南方电网发布了《数字电网白皮书》,阐述了数字电网的背景与定义,提出了数字电网具有物理、技术、价值三大内涵属性,分析了数字电网对企业、社会、生态、国家的价值,旨在携手社会各界共同建设数字电网,以数字电网融通整个能源行业,使能源行业融入数字经济发展,打造数字电网的生态体系,切实推动能源行业转型升级和经济社会高质量发展。南方电网认为,在技术革命、数字化生存、国家战略、能源革命多重浪潮的叠加之下,身处能源行业核心枢纽地位的电网企业实施数字化转型已是大势所趋。电网企业通过数字化转型,将构建覆盖电网全过程与生产全环节的数字孪生电网,提升复杂电网驾驭能力;以数据作为提升生产力的核心要素,释放数据资产价值,推动商业与运营模式转变,实现管理与业务变革;用"电力+算力"推动能源革命和新能源体系建设,构建涵盖政府、能源产业上下游、用户等相关方的能源产业新生态。

3.2 电网数字化信息建模

3.2.1 模型对象

供电企业是一种资源密集化的企业,而其中最重要的资源就是电网。根据电能在电网内的流向,可将电力企业的生产过程分为发电、输电、变电、配电和售电;而根据电力企业的业务分布,又可以将供电企业的职能分为规划、设计、建设、运行、管理等步骤。通过电能流和业务流组成的二维坐标,我们能够得出数字化电网与信息化企业之间的关系图，如图 3-1 所示。

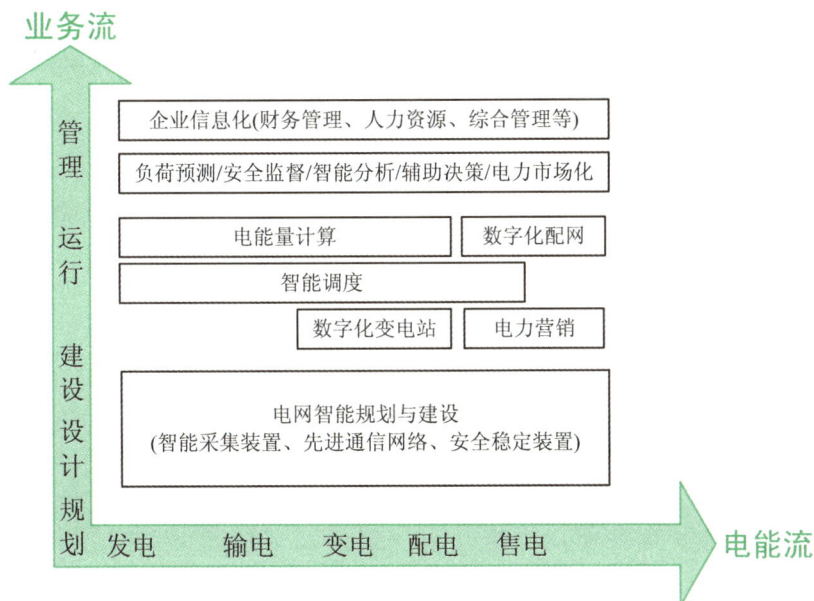

图 3-1　供电企业的二维坐标图

　　图内所涉及的功能和资产除了部分企业信息化的内容以外，其余都是数字化统一模型的建模对象，而企业信息化的内容根据实际需要也可以包括在建模的范围之内。我们可以把数字化电网包含的所有信息分为七类：

　　（1）认知主体，是指供电企业的信息系统或者工作人员有关电力系统的所有分析活动。

　　（2）物理实体，指的是电力系统中所有的设备以及资产，还有设备与设备之间的连接拓扑关系。

　　（3）数据，是指认知主体所能感知到的或者用来作为分析基础的所有反映电网物理实体的量值，如电压、潮流等。

　　（4）状态，是指电力系统当前运行的方式或者运行的情况的概括，是将数据实体分类化后得到的结果。

　　（5）事件，是指系统中发生引起状态变化的各个方面，主要体现为系统中的各种扰动。

　　（6）操作，是指认知主体由于各种原因对电力系统物理实体进行的所有实际动作的集合。

（7）关系，是指认知主体或者物理实体之间的组织形式，比如不同等级之间、电网管理者之间的联系。

以上七类信息基本涵盖了数字化电网的全部内容，不同类信息通过不同的组合就能表示电网的任意信息。但是如果没有一个科学的组织形式，这些信息都是随意组合的散乱信息，虽然大部分都是有意义的，但却无法对其进行综合利用。就像图书馆中成千上万本书一样，包含的内容虽然很多，但如果没有一个元数据模型对这些书进行管理，读者不可能从众多的书中得到有针对性的东西。对于电网信息也是一样，因此必须要通过建立一个元数据模型，把数字化电网中所有的信息有机地组织起来，才能达到信息集成应用的目的。

将上述七类信息组合在一起，可以表示电网内的任意信息，而电网中的物体和事件又有千千万万，仅靠基本信息元素来归类建模是无法达到简化统一目标的，因此电网企业可以将这些信息整理归结到以下 7 类之中：

（1）电网空间地理属性。电网的空间信息具有其独特性，即具有几个不同的层次，空间信息必须要将这些不同层次的信息都反映出来，包括点对象（如杆、塔、接地点等），线对象（如输电线、电缆等），面对象（如污秽区、雷电区等），网对象（如输电网、城市配电网等）。

（2）电网拓扑关系。电网拓扑关系是指整个电网一次、二次设备的具体连接方式，比如主接线图、保护配置图、二次系统图、保护原理图、设备结构图等所反映的电网结构的信息。

（3）电网树形关系。这是指电网中设备的组织形式，比如线路在电网中只需要知道其整体的属性，但是线路中所包括的具体的导线、杆塔等，则需要在树形关系中展现出来。

（4）电网层次关系。现代电力网络分为输电网和配电网两大块，而每一块又根据实际的需要分为不同电压等级的网络，比如说 750 kV 超高压电网，500 kV 主干网，220 kV、110 kV 输电网，35 kV、10 kV 配电网等。

（5）电网的时间性信息。在短期内随着时间改变而改变的信息为动态信息，而在较长一段时间内才会随着时间而改变的信息为静态信息。电网运行中的大部分物理量都包含在这两种信息之中。

（6）电网的资产信息。资产信息包括电力网络中所有一次、二次设备的实体资产，要从资产的角度对其进行描述，既包括变压器、线路等在电力网络中起主要作用的设备，也包括如供电企业拥有的维护、巡检设备等辅助性的设备。

（7）电网公司的组织结构。对一般企业来说，这部分的内容应该属于企业信息化的建模范围，但对于电网公司来说，企业特殊的组织结构与电力的生产过程密不可分。中国电网公司一般分为四级，即网级公司、省级公司、市级公司和县级公司，不同级别的公司掌管的资源也不同，在生产过程中需要进行协调。

3.2.2　模型构建

正如上文所述，数字化电网的构建应该从电力企业的角度来入手。因此我们可以通过信息建模以及企业建模的方法和特点，根据元模型和顶层模型的概念，结合电力企业的实际情况和业界的应用现状，以通用信息模型（Common Information Model，CIM）为核心构建一个数字化电网统一模型，为数字化电网的实现提供一个坚实的基础。之所以要以 CIM 为核心，是因为以下 3 个方面的原因：

（1）CIM 是国际通用的标准，近年来在国内开始得到越来越广泛的应用，也开始逐渐成为中国电力系统信息集成的公用标准。随着 CIM 的不断成熟，国内外对 CIM 的研究和应用都达到了一定的高度，使这些模型经受了实践的检验，说明了 CIM 的实用性和可行性。CIM 自身的不断完善也为数字化电网的顶层模型提供了重要的参考标准。

（2）数字化本身是一种技术革命，但数字化电网却只是一种技术升级，因为后者只是在数字化技术日渐成熟和电力系统快速发展的前提下，通过整合资源、改良技术、更新观念等手段而得以实施的。因此，数字化电网统一模型也没有必要从零开始，把旧的东西完全推翻，而是可以在成熟的模型基础上加以改进，而 CIM 就是最好的基础。

（3）CIM 的三部分标准可以分别被应用于能量管理系统（Energy Management System，EMS）、数据库管理系统（Datebase Managent System，DMS)以及变电站自动化的信息系统集成，而这三块本身就是整个电力系统的核心，涉及从发电到售电的每一个环节，对与之相关的重要客观事物都有不同程度的描述。虽然离数字化电网统一模型还有一定的距离，但从前面叙述的数字化电网功能来看，CIM 已经为数字化电网模型搭出了一个基本的骨架。

以 CIM 为基础构建的数字化电网统一模型应该包括以下四个内容：

（1）电力系统资源模型。电网基本结构主要包括两个部分：层次（Hierarchy）和拓扑（Topology）。层次结构主要用于电力系统资源的展现，拓扑结构反映了电力系统资源之间的连接关系。电力系统资源模型主要描述各种电气设备在电网中的电气属性。

（2）电力设备模型。这部分应该包括电力设备资产的模型，关注资产的继承关系及资产之间的组成关系，以及设备作为资产的相关属性。另外还可以通过设备与电网资源的关联，说明设备资产执行相应资源的功能角色。

（3）电网模型。电网模型首先应该是完整的，即包括电网的网架结构描述；其次是统一的，即能为电力生产的各个专业应用提供统一服务；最后是标准的，即遵循业界相关标准，为生产应用提供标准的服务。电网模型不仅能反映电网的物理构架，还能反映各级电网间的组织关系。

（4）与企业信息化相关的模型，如人力资源和财务模型。这部分并不是数字化电网重要的关注对象，但又与数字化电网模型密不可分，它是企业信息化的基础模型，可以为未来供电企业的一体化整合提供重要的参考。

数字化电网统一模型的建立不是一朝一夕之功，它必须立足于现有的基础，以实际的应用情况为标准，对已有的 CIM 模型进行本土化、扩展、补充、修改等一系列操作，从而达到建立统一的数字化电网模型的目标。通过这些模型的应用又反过来促进数字化电网统一模型的改进，达到一个良性的循环。

数字化电网统一模型的层次如图 3-2 所示。

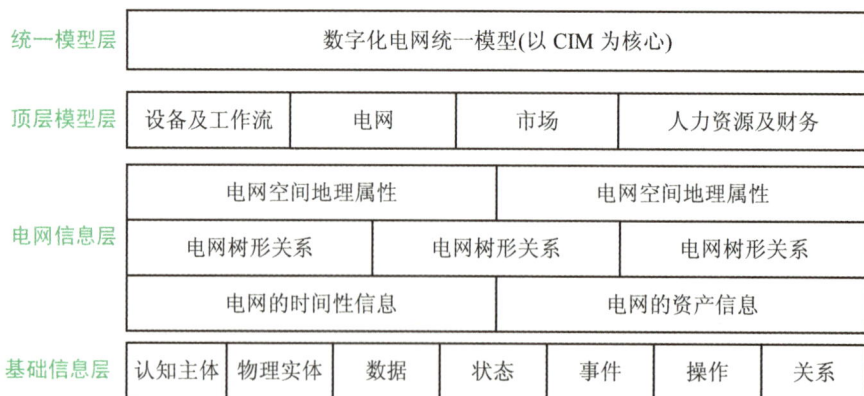

统一模型层	数字化电网统一模型(以 CIM 为核心)						
顶层模型层	设备及工作流		电网		市场	人力资源及财务	
电网信息层	电网空间地理属性			电网空间地理属性			
	电网树形关系		电网树形关系		电网树形关系		
	电网的时间性信息			电网的资产信息			
基础信息层	认知主体	物理实体	数据	状态	事件	操作	关系

图 3-2 数字化电网统一模型的层次

3.3　电网数字化信息集成

3.3.1　信息集成的概念

信息是由一定组织的数据组成的，表示一定的意义。在目前的大型企业中，应用必须与一个或多个数据源进行业务数据交互，部分数据源可能就是其他的应用，应用在没有集成的情况下无法进行开发。20 世纪开始，集成在企业中的 IT 应用进程中开始扮演重要角色。随着集成需求的不断演进以及需求复杂程度和流程复杂程度的不断提升，信息集成呈现出鲜明的阶段特征。

1.　数据传输

初始的集成需求一般是从数据传输开始的，即需要把一些数据从甲地的 A 系统传送到乙地的 B 系统。技术上所采取的手段大体要经过网络协议传输、磁盘传递、文件传输、编程开发通信传输程序、利用数据库工具进行复制、利用消息中间件进行传输、利用数据仓库的数据抽取工具进行传输等流程。

2.　数据集成

大量的数据产生之后新的问题随之出现，我们提出新的需求：由于不同应用的数据格式或口径不同，希望计算机能够自动完成翻译转换；希望能够更方便地完成数据的聚集和散发；希望能够以实时方式共享另外一个系统的数据信息；希望能够提供更便捷的数据同步机制等等。技术上，人们通过文件传输协议(File Transfer Protocol，FTP)、编程开发、数据库网关、消息中间件技术、数据仓库技术、开放数据库互连(Open Database Connectivity，ODBC)、Java 数据库连接(Java DataBase Connectivity，JDBC)等形式来实现数据集成。

3.　应用集成

离散型业务应用的存在，会使业务管理的链条出现脱节。因此，人们希望通过跨系统的功能调用来实现业务监控的严密性。而随着集成需求的深入，不少业务运作涉及很多个应用系统。如何通过方便且易于维护的方法来管理监控多个应用之间的"电子化流程"协作成为人们关心的问题。技术上，人们通过开放应用程序接口（Application Program Interface，API）、适配器、工作流工具等手段来实现跨系统的功能调用。

4. 界面集成

不同的应用有不同的界面风格和操作风格，其应用安全的控制策略也各不相同，在面对多个不同风格的应用时，可能需要多次输入口令进入不同系统，这种不方便性需要通过界面集成来改善。为此，门户技术诞生了。

5. 面向服务的集成

通过一些标准化的服务构件协议/规范，人们可以在任何时间/地点获得所需的任意IT服务，而不必关心服务的技术实现形态。

下面，简要阐述一下数字化电网中信息集成的特点、现状和目标。

1）数字化电网中信息集成的特点

数字化电网中的电网信息通过采集装置从电网中获得，主要通过国家电力调度数据网络（State Power Dispatching Network，SPDnet）、无线网络或者电力通信数据网络（State Power Telecommunication Network，SPTnet）等传输到调度控制中心。电力调度数据网络利用电力光纤和微波建立高性能的网络平台，主要传输与电力生产相关的数据和管理信息数据；电力通信数据网络主要覆盖范围是省级和地市级电力企业及电厂和变电站，主要提供综合业务。

数字化电网中的数据已经是统一的模型，其集成的特点是各数据按照统一模型独立存储于信息平台中的数据库中。通常分为横向集成和纵向集成两种方式。横向集成是指在统一调度生产部门中对统一模型的数据进行合理的组织，建设数据中心供高级应用系统分析数据，信息平台跨越物理隔离装置根据两边的共有信息量大小分开建设（将共有信息做镜像转移）或者统一建设（保证信息安全加入隔离环节）；纵向集成是指对于上下级调度中心通过电力通信网络实现信息集成，对电网模型进行有效的拼接和拆分，提供合适的数据给高级应用模块。

2）当前电网的信息集成现状

当前电网中存在着信息孤岛的异构系统，信息集成属于较初级阶段的数据集成。数据集成的主要目的就是消灭异构系统，建立电网中的统一语义模型中心，使各系统之间的信息交换以公共信息模型为基础。

从集成层次方面分析，不能纯粹地做数据集成，需长远考虑为将来进一步的集成如应用集成、界面集成等做好准备。在生产调度信息总体规划下，应充分考虑工作流程管理和对应的数据流向，对电网下层信息采用信息集成技术进行综合、分析、优化，消除异构系统之间的差异，为上层应用提供完整、准确、高效的基础信息。

当前电网中存在的问题在数字化电网中必须得到解决，才能提高电网的运作效率，为高级分析优化提供时间和信息效率保证。数字化电网的实现方式并非对传统电网的全面改革，而是基于传统电网进行结构优化，有步骤地解决传统电网中的问题。实现数字化电网的信息集成首先要解决当前电网中存在的系统异构问题，然后按照数字化电网中的模型是统一的这一特点建立信息中心。

3）信息集成目标

（1）共享信息，共享流程。

（2）统一信息模型，统一信息入口，形成信息源头。

（3）承认业务系统的现状，不能仅仅依赖通过改变现有业务系统来达到集成目标。

（4）集成需要平台化，平台化是打破原来的无法管理的基于接口方式集成的最有效的方法。

（5）快速实现信息展现，在实现信息快速展现的同时，能够为信息访问者提供分角色的个性化服务。

（6）路线清晰，可延续。信息共享不是最终目的，还需要实现业务流程共享，故集成方法须有长远规划，并逐步完成建设。

（7）适应业务发展，技术主流、开放。这一点保证了集成是开放的，不被厂商技术锁定，使得客户有更多的选择。

3.3.2　信息集成策略

1. 数据中心

数据中心是全球协作的特定设备网络，用来在 Internet 网络基础上传递、加速、展示、计算、存储数据信息。

数据中心的软/硬件逻辑可以是集群系统、磁盘阵列、海量存储器，亦可以是单机服务器。数据库软件一般为大型企业商用数据库软件，如 ORACLE、INFORMIX、DB2、SQL SERVER 等。基于这些数据库软件，应用系统的数据信息在数据库中统一规划、统一设计、统一调度管理、统一维护。应用的实例如 SCADA 系统、TMR 系统等。数据中心应用的先决条件是，对商业业务有高度把握，对信息资源有准确规划，对实现系统的性能有深刻认知。

数据中心适合系统间异构性较小、无须开发多种后期应用的系统采用。它具有以下优点：

（1）具有较高的性能；

（2）伸缩性好；

（3）维护性好。

数据中心具有如下缺点：

（1）可扩展性差；

（2）需较高的投资；

（3）可实现性差。

由于所有的应用软件从一个数据中心存取数据，数据中心没有进行优化，就将快速变化的数据异步传输给分布式应用，因此当应用的数目增加时，数据中心会成为数据分布的瓶颈。

2. 数据仓库

电力企业需要把已经收集到的数据集成起来，从中提取有用的信息，以作出及时有效的判断，因而数据仓库技术应运而生。一般认为，数据仓库是支持管理决策过程的、面向主题的、集成的、稳定的、时变的数据集合。

与数据中心不同的是，数据仓库不是简单地累加数据，而是按照一定的分析进行集成综合数据。数据仓库的基本体系由数据源、监视器、集成器、数据仓库和客户应用组成。其中数据源是数据仓库中最底层数据的运作数据库和外部数据库；监视器负责感知数据源的变化并按照数据仓库的需求提取数据；集成器将从运作数据库中提取的数据经过转换、计算、综合，集成到数据仓库中；数据仓库按照不同的分析需求，将数据按不同综合程度存储；客户应对数据仓库中的数据进行访问查询，并以直观的方式表达分析结果。

数据仓库的数据量从几十吉字节到几百太字节，且一直在增长。要从海量数据中提取有效信息，需要借用数据挖掘技术。数据挖掘技术包括统计分析方法、决策树方法、粗糙集方法、遗传算法、公式发现、模糊集方法和可视化技术等。

在电力调度信息中，实时数据和历史数据作为电网运行的重要资料，需要在运行部门进行共享。为了避免各部门自定协议或独自开发协议造成数据的不一致性而导致信息交互的困难，可以选择把公共数据整理、统计起来，建立电网历史数据仓库，以实现数据的一致性，同时可以减轻网络负荷。电网规划同样可以通过建立数据仓库并采用数据挖掘，发现隐蔽信息，从而更合理地规划电网。

数据仓库适用于对特定数据进行专业利用和深度挖掘、无需多种用途的场合。其优点如下：

（1）有一定程度的信息集成，并非数据的简单叠加；

（2）实现简单，维护方便；

（3）能容纳大量的信息。

其缺点如下：

（1）信息的利用需要进行挖掘，对算法要求高；

（2）对于小量信息的集成实现投入过大；

（3）无实时性能。

3. 数据集成总线

数据集成总线方式将所有应用系统的需求/供给信息以标准接口方式，经由企业信息集成总线（Utility Integration Bus，UIB）在供方与需方之间传递，系统之间通过 UIB 可以相互交流信息。UIB 主要以 CORBA 技术为底层平台，提供系统两两之间的信息交互场合，从信息结构来看是属于松耦合的。数据集成总线方式的应用条件是：明确的信息资源统一规划理念，对信息资源有较为准确的规划。

数据集成总线适合强调系统之间的交互，而交互的共有信息量少，无须建设共有信息数据库的现场。它具有以下优点：

（1）有较高的性能；

（2）可扩展性良；

（3）可伸缩性好；

（4）可实现性良好；

（5）易维护性良好。

它也具有如下缺点：

（1）要求网络稳定，实时性较高；

（2）信息存于各系统内部，当共性信息需求过多时，容易发生同一信息反复交换，造成整个总线效率低下。

4. 数据集成平台

随着电力工业的发展，引入平台与应用分离的概念将有助于实现更加开放的、非专用的系统。采用数据集成平台的方式将共用信息放在数据平台内，数据集成平台可对平台内的公共信息进行维护（修改和导入多系统之间需要交互的公共信息模型，从原存系统调取公用数据（包括实时的和非实时的），确定与实际系统之间的信息发布方式）。

与数据总线类似，原存系统全部采用对应的适配器，将其含有的公用信息部分的私有格式数据转换为公共信息数据存于数据平台中，并且利用适配器，通过数据平台得到该系统需求的信息。新上系统按照统一的信息模型建模，无需适配器。

数据集成平台适合共有信息较多、需要开发后期数据应用系统的现场。它除具有数据集成总线的所有优点之外，还有以下优点：

（1）信息发布方式多样，可配置，运作效率高；

（2）有确定的信息源，对整个系统的信息维护只需专注于数据平台中的信息维护。

如此一来，因为数据集成平台是整个系统的信息源头，那么保障其稳定性和安全性就格外重要。故必须保证数据平台不能出现任何事故，否则会影响其他系统的运行。数字化电网信息集成中既有对实时信息的要求，也存在着对历史数据的再现和分析，所以应当综合数据集成平台和数据仓库，形成数字化电网的信息集成平台。

3.4　数字化电网的特点

对比传统的电网，数字化电网具有先进的关键特点和优势特点，这些特点均是与现有电网的区别，也是解决当前电网所面临问题的关键所在。

3.4.1　数字化电网的功能

数字化电网的主要功能如下：

（1）具有自愈功能。数字化电网可以例行地或自动地检测、分析、响应和恢复电网的元件和部分网络来维持系统稳定、可靠、安全、可供和电能质量以及系统的高效状态。

（2）具有更主动和可协作的用户。数字化电网用户及其设施成为电力系统集成、能动的一部分，可作为一个整体予以考虑。

（3）能经得起安全攻击。数字化电网更能经得起外部的安全攻击，使系统集成的安全性得到基本保障。

（4）能提供更高的电能质量。在数字电网时代，电能质量敏感负荷占电网整体负荷的比例越来越高。未来的电能质量要求更"平滑"地发电、输配电和用电，使负荷能更加容忍畸变的电力。

（5）能容纳更多的发电形式。数字电网能容纳各种发电形式。数字电网可以简化网络的接线形式，能类似 IT 系统中"即插即用"的方式实现分布式电源的接入。

（6）对电力市场的完全支持。数字电网能完整地支持电力市场的运作，因为电力系统的规划、运行、定价和可靠性依赖于公开的接入市场的设计和规范。数字电网应能支持批发市场，必要时也能支持零售市场。

（7）能优化资产，降低运行维护成本。数字化电网作为一个整体系统，资产将得到更加系统化的管理，实现最低的成本，提供最完整的功能。通过更高级的检测方法和更稳定的通信技术，系统中设备的故障检测和保护性措施将得以更早地实现。

3.4.2 数字化电网与传统电网的区别

数字化电网与传统电网的主要区别如下：

（1）预测能力更强，紧急状况处理自主性更高。调度员在面临电网紧急状态时需要采取有效措施来减少负荷损失，保护人身和设备安全，开启事故恢复。目前的系统对紧急事故的预测能力非常有限，而数字化电网具有预防性分析功能，能给调度员提供更先进的分析工具。因此，在数字化电网中能够降低出现停电事故的概率，使电网具有更高的安全性和抵御灾害的能力。

（2）恢复策略优化，故障恢复更及时。在紧急事故处理中，运行人员需要将停电或受到破坏的电网恢复过来。在目前的电网中，需要进行大量的协调和现场工作来更换和修理配置新的设备和系统。这将是一个漫长的过程，一般因大事故而中断的电网，其恢复期需要几天甚至几周。数字化电网具有自愈功能，利用新的数据库和地理信息系统可以帮助运行人员制定恢复策略，加快恢复速度，缩短恢复时间。

（3）决策辅助支持能力更强，电网的日常运作更稳定。调度员的主要工作是执行调度发电计划和电网操作，处理电网波动和小事故。这些工作包括启动或停运机组，从而向系统注入或减少一定的发电容量以应对网络中大规模的负荷波动和潮流转移。在数字化电网中调度员则可以利用先进的可视化工具和决策支持系统，更加及时准确地了解电网的运行状况，从而更好更快地采取应对措施。

（4）系统运行调度优化，电网运行效率更高。调度员可以通过对电网和机组运行的优化，减少不必要的网络拥塞和网络损耗，降低总体发电成本，最终提高整个电网的运行效益。在数字化电网中，调度员将拥有更加先进和有效的优化手段和工具，用于优化高峰负荷，减少拥堵成本。

（5）系统规划优化，资源利用率更高。系统规划工程师分析中长期的规划问题，例如规划中的发电项目，预测负荷和供给的平衡，确定行动计划。在数字电网中，利用更加丰富的数据收集和更加有效的模型分析，使得对未来负荷的预测更加准确；通过优化设计和电网资产来提高投资的效益；利用节约资源来建立友好环境；利用电源规划，提高分布式发电利用率和提高发输电容载比。

与传统电网管理模式相比,数字化电网能够实现对电力客户、资产及运营的持续监视,提高管理水平、工作效率、电网可靠性和服务水平。表3-1给出了传统电网与数字化电网的部分区别。

表 3-1　传统电网与数字化电网的部分区别

问　题	传 统 电 网	数 字 化 电 网
供电故障	(1) 事故发生后,用户打来投诉电话,电力公司才获得停电信息 (2) 维修人员需要现场巡视检查后,才能诊断和确定故障位置和原因,开始维修	(1) 通过各种监测装置和智能化的客户表计,电力公司能够监测和诊断电网故障 (2) 维修人员能及时准确地被派往故障地点,并且携带合适的工具对电网进行及时修复
设备老化	根据设备投运的同时和人工巡检情况,确定设备投资	(1) 根据传感器实时监测到的设备健康水平和劣化状况,准确确定设备投资 (2) 通过减少缺陷设备的负荷,延迟设备更换
高峰负荷日益增长	随着高峰负荷的增长,电网建设和改造费用呈线性增长	通过智能电表和分时电价结合,有效缓解高峰负荷的增长
分布式发电	需要建设专门的线路,改造电网设施,来满足分布式发电的要求	(1) 运行现有电网以适应分布式发电需求 (2) 只对必要部分进行改造

3.5　电网数字化关键技术

3.5.1　配电物联网技术

配电网的数字化建设已成为国家电网公司现阶段电网建设的主要内容,这些都为新时代的配电自动化建设创造了良好的基础条件。现有的配电自动化技术局限于电气量的采集和对电气设备的控制,对配网设备的实际环境与运行条件没有进行有效监控,设备外破故障、设备本体故障、操作安全风险等问题越发严重；再加上配网设备的日益复杂化及低压用户的无序增长，还有充电汽车、光伏发电等特殊用户的逐年增长，严重影响了配网运维与抢修的效率；随着设备的日趋多样化，工器具、抢修物资库及人员、车辆等管理都急需新型的系统支撑，现有的配电自动化系统已然跟不上配网运维的需求，也达不到不断上升的电力客户的服务需要。

物联网是一个较为新颖的概念，其体系结构尚未有明确的定论，通常认为物联网的关键技术主要涉及三个方面：一是精准、多态的感知、测量技术，指利用数字标记、红外感应、多态识别、动态行为捕捉、物理传感器、远程摄像等手段，实时、精准地获取对象信息与动态变化；二是高效、安全、及时的通信技术，指利用最新的通信技术，将数据以特殊加密的形式进行实时的来回传递，实现远端与现场信息的实时、准确、安全共享；三是便捷、可靠的 AI 预处理技术，指利用云计算、大数据处理等各种 AI 计算技术，对共享于云端的海量数据与信息进行整合、分析，对设备实施预处理，并为后续人工介入提供参考与辅助。

与配电自动化系统的结构分层相对应，可以把物联网分为前端感知层、中间网络层和后台应用服务层。

物联网系统的前端感知层主要由各种各样的监控与感应装置组成。前端感知层是物联网系统的"眼睛与双手"，是信息的主要获取渠道与控制手段，主要功能是完成物联网应用数据采集与设施控制，为云端数据库提供数据来源。依托前端感知层中的前端感应设备网，运维管理人员可以远程采集所需的各项数据信息并对各环节进行干预、控制。

物联网系统的中间网络层类似于自动化系统的中间层，其主要功能同样是实时传递各类数据、信息。不同于中间层的是，中间网络层对信息传输的加密等级更高，数据传输更加安全、高效，同时网络层中包括云端数据库、云计算平台等预处理平台，可对采集的信息进行筛选分类，经多层过滤后再向上传输。因此，中间网络层不仅要具备信息通信功能，还应具有就地控制及信息预处理的能力，它是各个物联网子系统的主站，亦是物联网主系统的子站。

物联网系统的后台应用服务层对应的是自动化系统的管理层，也是物联网系统的应用核心和最高层。它利用云计算、大数据处理等各种 AI 计算技术，对共享于云端的海量数据与信息进行整合、分析，对设备实施智能化预处理，并为后续人工介入提供参考与辅助，实现前端的智能化决策、控制与服务。

基于物联网技术的配电自动化系统的研究，首先强调的是对物联网技术的应用，通过将这项技术应用到配电自动化上，使现有配电自动化系统得到升级，以满足新时代配网运维的要求。

把物联网技术运用在配电自动化系统中，要求形成一个更智能化的结构体系，并按照物联网技术更新平台的标准，替代现有系统的应用与界面。如今云端计算技术日趋成熟，已然成为物联网系统的标配；运用云端计算技术，将前端获取到的各种信号与操作指令都汇聚到大数据平台，通过云端计算技术对以上信息进行整合、分类、处理，并将得出的处理结果快速传递，或直接作为操作的指令信号下达给操作终端，或交由管理员进行二次识别参考，这些处理过程通过物联网系统可以在分秒内得以实现。毫无疑问，这将使配网运维与管理的效率发生质的飞跃。

3.5.2　云计算技术

1. 云计算概述

云计算是基于分布式计算、网络计算、并行计算等技术发展而来的一种新型计算模式，它利用虚拟化技术，将各种硬件资源（如计算资源、存储资源和网络资源）虚拟化，以按需使用、按使用量付费的方式向用户提供高度可扩展的弹性计算服务。云计算按服务资源可分为基础设施即服务（Infrastructure as a Service，IaaS）、平台即服务（Platform as a service，PaaS）和软件即服务（Software as a Service，SaaS）。

（1）基础设施即服务是指云计算数据中心为用户提供计算、存储、网络等硬件资源。基础设施即服务的服务范围不仅是单一服务器，也可以是整个基础设施。这些基础设施通过封装成服务的形式向用户开放，用户可按照自身需求使用、管理和控制这些基础设施资源。此外，用户还可以在这些基础设施资源上定义应用环境、安装操作系统、部署应用软件等，并支付相应的资源使用费用，在使用结束后随时释放资源。

（2）平台即服务是指云计算数据中心可以为用户提供部署软件的接口、工具、平台、环境等服务，包括开发平台、应用服务的运行环境以及底层基础设施的管理和控制功能。用户可以通过 Web 等方式直接在云计算平台上编写应用程序，也可以将用户程序部署到云计算平台上。

（3）软件即服务是指云计算数据中心为用户提供运行在服务器上的应用软件服务。它让用户可以只关心软件提供的服务类型，而不必关心底层的基础设施，如操作系统、服务器、网络设备等。

2. 云计算的主要特征

（1）广泛网络接入。广泛网络接入指用户可以在任何时间、任何地点接入网络并获取自己需要的服务。云计算服务商在全球很多地方建立了数据中心，只要用户能顺利接入网络，就可以通过各种客户端设备，如手机、平板电脑、笔记本电脑等，方便地访问云计算服务方提供的物理资源以及虚拟资源。

（2）服务可度量。服务可度量指无需额外的硬件投入，就可以随时随地获得需要的服务，且仅为使用的服务付费，将自己从低效率和低资产利用率的业务模式中脱离出来，进入高效模式。

（3）按需子服务。按需子服务指云服务客户能够按需自动地配置计算能力的特性，为用户降低了时间成本和操作成本，用户无需额外的人工交互，即可获得服务。

（4）弹性可扩展。弹性可扩展指物理或虚拟资源能够快速、弹性地供应，以达到快速增减资源的目的。可为云服务客户提供的物理资源或虚拟资源无限多，在任何时间可购买任何数量的资源，购买量仅受服务协议的限制。

（5）资源池化。资源池化是指将云服务提供者的物理资源或虚拟资源集成起来服务于一个或多个云服务用户。云服务提供者既能支持多租户，又能对用户屏蔽复杂处理。用户仅仅知道服务在正常工作，而并不知道资源是如何提供或分布的。

3. 云计算关键技术

（1）虚拟化技术。虚拟化技术以透明的方式提供抽象的计算资源方法，这种抽象方法并不受地理位置或底层资源物理配置的限制。通过虚拟化技术可将一台计算机虚拟为多台逻辑计算机。在一台计算机上同时运行多个逻辑计算机，每个逻辑计算机可运行不同的操作系统，并且应用程序都可以在相互独立的空间内运行而互不影响，从而显著提高计算机的工作效率。虚拟化技术增强了系统的弹性和灵活性，提高了资源利用效率。

（2）分布式存储。分布式存储是一种数据存储技术。通过网络连接，分布式存储将企业中分散的存储资源构成一个虚拟的存储设备，数据便可分散地存储在企业的不同物理设备中。与传统存储技术相比，分布式存储技术能够使不同类型的存储设备协同工作，并配合数据隔离技术，为用户提供性能强大的云存储服务，具有高可靠性、高可用性、高可扩展性的特点。分布式存储通过将数据存储在不同的物理设备中，实现了动态负载均衡、故障节点自动接管。

（3）资源管理。资源管理技术是指通过对设备资源的发现、分发、存储和调度等策略，采用合适的调度算法使所有服务器工作在最佳状态的技术手段。设备资源分为硬件资源和软件资源。硬件资源包括 CPU、显卡、内存、硬盘、网络、网卡等；软件资源包括数据库系统、应用程序、文件系统、操作系统等。通过资源管理技术，实现对设备资源运行状态的监测，一旦发生故障，可自动采用应对措施进行故障修复。高效的资源管理机制可有效提升资源的综合利用率、提高系统可靠性，降低数据中心成本。

4. 云计算技术展望

云计算技术的发展逐步成熟，正广泛应用于各级数据中心，在智能分析、安全访问、运营管理和实时监控等应用中发挥着重要作用，并呈现以下发展趋势：

（1）混合异构云管理持续加强。随着云计算技术和商业模式的深入融合，各种云平台产品和种类也不断丰富，不同云服务厂商在私有云、公有云、社区云领域都推出了自己的基础社区云平台产品。越来越多的云计算用户也将自身业务部署到不同的云平台之上，并呈现多云部署的混合异构云管理发展趋势。针对不同云环境的差异性，建立统一的服务对象模型，可实现混合异构云的统合资源调度、网络管理、用户鉴权等功能，为用户提供统一的云操作系统。

（2）移动终端云计算飞速发展。移动终端云计算是指通过移动终端和移动通信网络，以按需、易扩展的方式获得所需的基础设施、平台、软件（或应用）等的信息资源或服务的交付与使用模式，它具有突破终端硬件限制、便捷的数据存取、智能均衡负载、降低管理成本、按需服务降低成本的特征。随着移动设备的不断成熟和完善，移动终端云计算业务已成为云计算服务的新热点，必将会在世界范围内迅速发展。

（3）零信任与原生安全深入融合。云计算架构下，系统从传统数据中心向以云计算为承载的数字基础设施转变，多云、混合云成为主要形态。以数据中心内部和外部进行划分的安全边界被打破，面临更多信任危机，促使应对云计算信任危机的安全理念兴起，零信任与原生安全深入融合，将有效应对云计算信任危机。

3.5.3　边缘计算技术

1. 边缘计算概述

边缘计算是在靠近物或数据源头的网络边缘侧，融合网络、计算、存储、应用核心能力的分布式开放平台，可就近提供边缘智能服务，满足行业数字化在敏捷连接、实时业务、数据优化、应用智能、安全与隐私保护等方面的关键需求。

为实现对海量电力边缘计算设备的统一监控、配置及运维管理，保证不同厂家、不同专业应用程序在边缘计算设备的可靠迁移，电力边缘计算框架被定义出来，如图 3-3 所示。电力边缘计算框架支持应用程序在不同硬件平台上动态迁移及可靠运行，兼容多种编程语言，适用多类型设备接入与消息转发，提供常用的工业现场总线协议与标准兼容，可实现互联互通互操作；同时，它还采用微服务架构，便于边缘应用功能的即时变更与随需迭代。

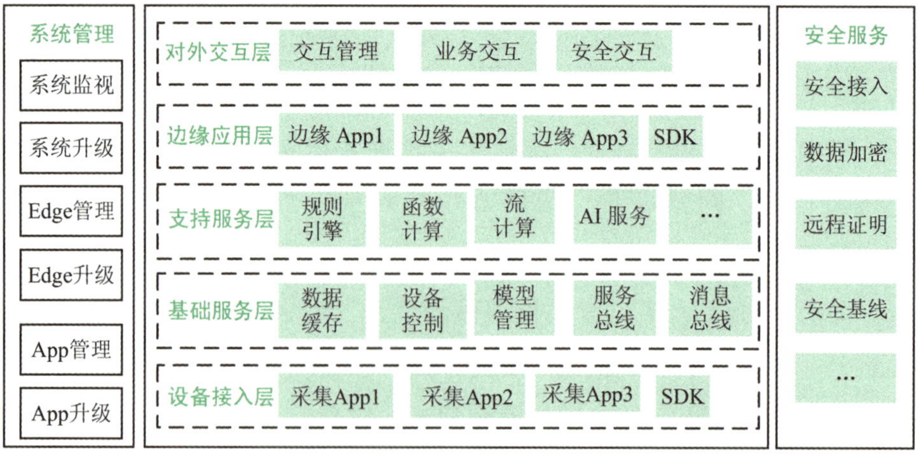

图 3-3　电力边缘计算框架示意图

电力边缘计算框架主要实现如下功能：

（1）设备接入层。设备接入层是与电力终端、传感器交互的边缘连接器，包括各类采集应用及支持不同开发语言的软件工具开发包（Software Development Kit，SDK）开发。开发者基于 SDK 开发包可以快速、便捷地实现不同功能的采集应用，相应的采集应用通过本地协议与电力终端、传感器进行通信，可以为一个或多个设备提供服务。

（2）基础服务层。基础服务层主要实现如下核心组件：

• 数据缓存：对南向对象收集的数据进行持久性存储和相关管理的服务。

• 设备控制：实现从北向到南向的控制请求的服务。

• 模型管理：连接到边缘计算框架对象元数据的存储和关联管理的服务。

• 服务总线：为边缘计算框架内各微服务提供服务发布、配置的通道。

• 消息总线：提供边缘计算框架内各微服务进行标准化交互的通道。

（3）支持服务层。支持服务层包含广泛的微服务，可提供边缘分析和智能，包括规则引擎、函数计算、流计算以及人工智能服务等各种微服务。

（4）边缘应用层。边缘应用层与接入服务层一样，基于 SDK 为第三方提供便捷的边缘应用开发能力。

（5）对外交互层。对外交互层通过标准的北向交互协议实现与应用平台在管理、业务以及安全等方面的交互。

（6）系统管理。系统管理用于为物联管理平台提供监视、管理边缘物联代理的操作系统、边缘计算框架本身以及应用的能力。

（7）安全服务。安全服务用于为边缘计算框架本身、应用提供安全服务，涵盖安全接入、数据加密、远程证明以及安全基线等模块。

2. 边缘计算的主要特征

（1）处理实时性强。处理实时性强指将原有云计算中心的计算任务部分或全部迁移到网络边缘，在边缘侧实时处理数据，并上传处理结果至云计算中心，提高了数据处理实时性，降低了云服务的计算负载。

（2）数据安全性高。数据安全性高指边缘计算直接在边缘设备上处理相关数据而不是将其上传至云计算中心，一旦设备受到攻击，也只会影响本地数据，可保证云计算中心数据安全。

（3）可扩展性强。可扩展性强指边缘计算分布式框架提高了系统功能的可扩展性，可通过物联网设备和边缘数据中心的组合来扩展其计算能力，并降低扩展成本。

（4）数据流量低。数据流量低指边缘计算设备采集数据可直接进行本地计算分析与预处理，而不必将本地设备收集的所有数据上传至云计算中心，从而减少进入核心网的流量。

3. 硬件设计

1）硬件构成

边缘计算设备由低功耗 ARM 架构主板、集成高性能的嵌入式主控芯片、高算力的人工智能芯片和安全加密芯片等组成，整体硬件由基础配置模块和扩展配置模块构成，如图 3－4 所示。其中，基础配置模块包括主控模块、AI分析模块、存储模块、定位模块、远程通信模块、本地通信模块、安全加密模块；扩展配置模块包括语音模块、短报文模块、电源控制模块以及其他按需配置的模块。

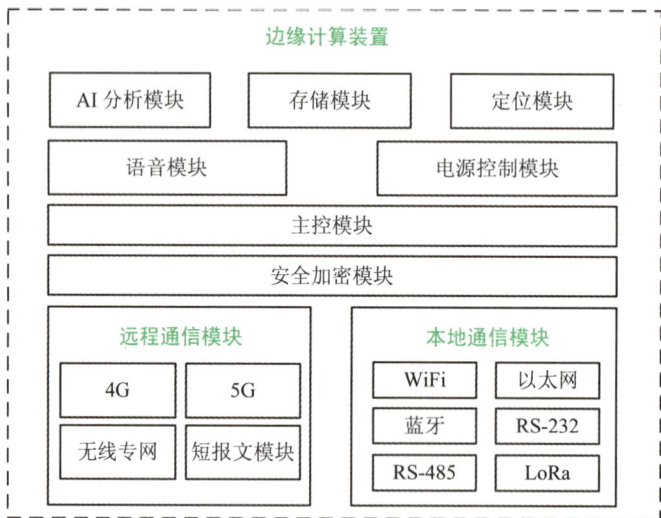

图 3－4　边缘计算装置硬件结构图

2）通信能力

本地通信方式是指：为满足现场智能探测各类智能终端和安全工器具的

接入需求，兼容 LoRa、蓝牙、以太网、RS-485、RS-232、WiFi 等各类通信方式，且具备 WiFi 自组网的功能。远端通信方式是指：为及时同步业务系统信息，边缘计算设备需与远端的安全生产作业风险管控平台、数字化工作系统和边缘智能服务进行安全连接交互，满足北斗卫星、以太网、4G/5G 专网、无线专网等多种通信方式，支持 TCP/IP、SOCKET、MQTT、国标 GB28181 等通信协议与业务平台通信，并通过统一标准的服务接口（HTTPS、RTSP、MQTT、WEBSERVICE）实现与远端的数据连接和交互，支持包括音视频文件、智能分析结果和边端感知等在内的数据传输。

4. 软件设计

1）技术路线

边缘计算设备基于 ARM 架构的嵌入式软件开发技术，采用安全稳定的 Linux 操作系统，使用 Docker 等容器化的边缘计算引擎，实现与各业务平台的集成、智能终端数据基础和业务应用的开发。边缘计算设备对下支持 MQTT、Modbus TCP 等多种标准工业协议的多类型感知单元接入，对上支持 WEBSERVICE、SDK 等标准数据接口向边缘服务平台和业务主站进行实时的全双工关键数据交互，通过与业务平台的双向互联实现云边协同业务处理架构。云边协同管理将 AI 模型与硬件平台、操作系统和 AI 芯片解耦，并提供统一的调用接口；还提供多种训练框架（如 Tensorflow、Pytorch、Tensorflow Serving 等）适配；提供云端训练、模型下发、边缘部署、更新迭代、启停切换以及数据回传等完备的云边 AI 全闭环服务。

2）架构设计

边缘计算设备的软件部分由系统层、服务层和应用层组成，如图 3-5 所示。在系统层中，采用 Linux 操作系统，旨在为软件系统提供一种安全、稳定的运行环境。服务层则提供了视频采集、视频分析、算法调度、物联设备管理、数据管理、状态监控、消息管理、位置管理、文件管理以及基础管理等服务，可实现视频数据接入、物联网感知数据接入、系统底层服务数据管理以及智能识别算法调度。基于边缘计算服务层提供的各项能力，可实现作业人员管理、作业过程管理、智能安全工器具管理、告警管理、违章管理以及通用配置管理等边缘计算服务应用。

应用层	作业过程管理	作业人员管理	智能安全工器具管理		
	告警管理	违章管理	通用配置管理		
服务层	视频分析服务	算法调度服务	物联设备管理服务	数据管理服务	状态监控服务
	消息管理服务	位置管理服务	视频采集服务	文件管理服务	基础管理服务
系统层	Linux 操作系统				

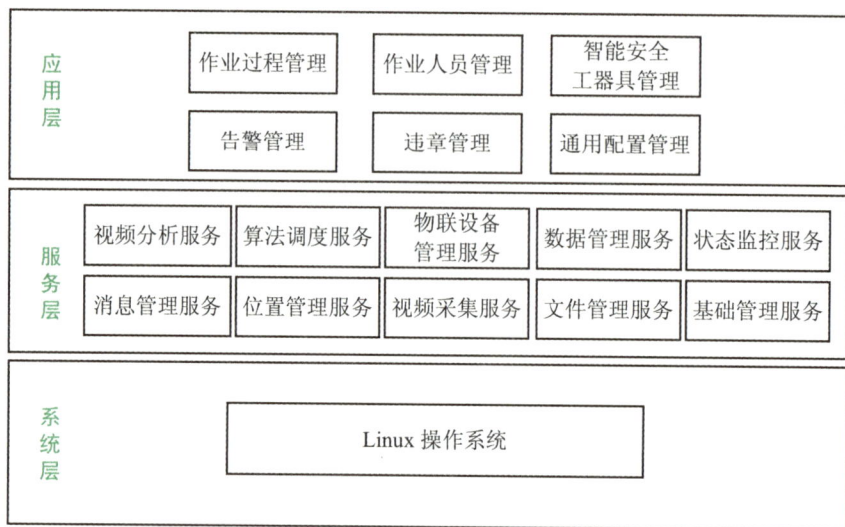

图 3−5　边缘计算设备软件架构图

3）应用架构

边缘计算设备主要实现作业现场的智能化管控功能，在应用上包括：作业人员管理、作业过程管理、智能安全工器具管理、告警管理、违章管理以及通用配置管理等模块化功能。

（1）作业人员管理模块包括作业人员数据获取、人脸库管理、人脸识别结果采集及身份管理。通过与业务系统联动获取作业人员信息，对作业人员的人脸数据进行管理，采集并分析人脸视频的结果数据，实现对作业人员的身份确认及核对。

（2）作业过程管理模块包括作业过程防护规则设置、数据采集、音视频管理及作业内容信息获取。可从业务系统获取现场作业内容，根据作业内容设置现场防护标准；利用现场各类智能终端采集作业信息，对作业的关键节点进行音视频记录及安全防护。

（3）智能安全工器具管理模块包括作业工器具信息获取、作业现场 RFID 检测、现场安全工器具识别以及异常信息管理功能。具体地，可利用作业现场的视频对安全工器具的使用和操作情况进行识别检测，或通过 RFID 检测装置读取作业现场安全工器具的编号信息并与业务系统进行设备信息核对，对出现的异常信息统一管理。

（4）告警管理模块和违章管理模块实现了对告警的类型、内容和方式等信息以及不同应用场景下的违章规则配置管理，并对告警信息和违章信息进行推送和联动管理。

（5）通用配置管理模块包括设备状态管理、设备升级管理、网络管理、算法模型管理、终端接入管理以及设备运行模式管理。可通过对设备运行状态的监测，实现对装置的网络运行参数、算法模型类型、识别内容及终端接入类型等信息的配置和管理。

5. 边缘计算技术展望

目前，边缘计算与电力业务的融合愈发紧密，为输电线路在线监测、智慧变电站状态监测、配电自动化、用电信息采集、综合能源服务等电力业务提供了强有力的技术支撑，并呈现以下发展趋势：

（1）云边一体化不断加深。随着通信能力的大幅提升，边缘侧业务场景逐渐丰富，各类型应用也将根据流量大小、位置远近、时延高低等需求对整体部署架构提出更高的要求。因此原本相对独立的云计算资源、网络资源与边缘计算资源将不断趋向融合，云边一体化不断深化，实现算力服务的最优化。

（2）边缘计算与人工智能协同共进。基于边缘计算的人工智能体系架构能够降低应用开发和部署的复杂度，并可在保障业务实时性的同时提供智能分析能力。从发展趋势上看，一方面边缘侧的人工智能需要在硬件、算法上实现轻量化，以适应边缘计算资源受限环境；另一方面，边缘计算需要在架构复杂度、支持人工智能算法多样化以及多场景适应性上不断创新和提升。

6. 应用场景

城市配电网线路复杂，线多面广，电杆布线密集，回路交错。某配网运维检修班组在进行日常 10 kV 配电线路设备运行维护的正常巡视过程中，发现导线出现断股，需要通过登高作业开展 10 kV 线路消缺处理。工作负责人带领作业班组到达作业现场，在现场灵活部署移动布控球，按照标准化作业流程开展检修作业。

10 kV 配网线路施工作业过程中，采用"便携式边缘计算装置＋智能终端部署"形式。便携式边缘计算装置就地部署在作业前端，接入智能安全帽和移动布控球等智能终端，形成与边缘计算装置的数据通信、数据就地计算、算法远程配置以及接口标准的统一。边缘计算装置向上与边缘智能服务、数字化工作票系统和安全生产风险管控平台实时对接，有效关联后台数据，整合前端装备，实现远方数据与边缘计算装置的数据传输，从而满足远距离数据处理分析的需求。

3.5.4 数字孪生技术

1. 数字孪生概述

数字孪生的概念最早由密歇根大学 Michael Grieves 教授于 2002 年提出，针对的是产品全生命周期管理。随着信息技术的发展，数字孪生逐渐成为研究热点，也产生了诸多不同的定义。目前被引用最多的定义来自美国国家航空航天局发布的报告《建模、仿真、信息技术与处理路线图》：数字孪生利用感知、计算建模等信息技术，基于物理模型、传感器更新、运行历史等数据，集成多学科、多物理量、多尺度、多概率的仿真过程，实现物理空间向数字空间的映射，从而反映相对应实体的全生命周期过程。

电力系统高度重视数字孪生技术，工业 4.0 研究院、国网河北省电力有限公司各自独立组织编制并发布了《数字孪生电网白皮书》，对电力数字孪生的架构、功能、应用及演进进行了有益的探索。但总体而言，电力数字孪生的应用尚处于"可视化"或者"仿真"等初级阶段。

2. 数字孪生的主要特征

基于现有研究成果，数字孪生的主要特征可总结为五项：

（1）数据驱动：以数据流动贯通来实现物理空间和数字空间的耦合，对行为复杂的对象、难以观测的参数，以数据驱动的方式进行建模。

（2）模型支撑：以模型驱动物理空间和数字空间之间的虚实交互，对物理实体和逻辑对象的关系进行描述。

（3）软件定义：以模型代码化、标准化的要求对物理空间与数字空间的逻辑关系进行描述，从而动态模拟或监测物理空间的状态、行为、规则。

（4）精准映射：以感知、建模的方式，实现物理空间在数字空间的全面精确表达及全方位监测。

（5）智能决策：以人工智能技术为基础，对物理空间数据进行智能分析，以实现对物理空间设备的智能操控。

3. 数字孪生的关键技术

（1）混合建模。混合建模指建立包含"信息-能量-环境"多耦合关系和电力各环节要素的电力数字孪生模型，是实现电力物理对象高精度映射，构建电力数字孪生系统的基础和先决条件。电力数字孪生的混合建模技术主要包括基于多感知的物理实体数字孪生初始建模技术、基于多物理场和多尺度的建模技术以及基于"模型驱动＋数据驱动"的建模技术。

（2）多维可视渲染。多维可视渲染通过部署各类传感装置，覆盖高清可见光、红外热成像、紫外成像、特高频局部放电、高频局部放电、超声波局部放电、射频、振动、温度、油色谱等电力传感单元，结合虚拟现实、增强现实、混合现实等多种交互方式，通过脑机交互提供视觉、听觉、嗅觉和触觉信号，构建一种沉浸式孪生交互体验。

（3）高效仿真。高效仿真技术是创建运行数字孪生体、保证数字孪生体与对应的物理实体间实现有效闭环互通的核心技术之一。数字孪生仿真技术可以在大量过程数据的支持下实现多物理场、多尺度、全面、综合、真实的建模仿真，并通过虚实信息的传递加载到数字孪生模型，利用"模型驱动＋数据驱动"的混合驱动方式进行高逼近仿真，与真实的电力物理世界建立持久、实时、交互的有效连接，实现全周期和全系统的动态性仿真模拟与状态预测。其主要支撑技术有动态知识数据驱动融合仿真技术、多物理场融合仿真技术、云边协同的数据计算处理技术及轻量化的数字模型构建技术。

（4）孪生交互。孪生交互是指将前端物联感知模块采集的数据，加载到数字孪生系统中进行处理分析，通过"沉浸式"感知进行信息互动，使得使用者迅速掌握物理系统的特性和实时性能，识别异常情况，获得分析决策的数据支持，并能便捷地向数字孪生系统下达指令。

（5）虚实迭代优化。虚实迭代优化指通过泛在物联感知动态跟踪物理电网的新要素、新趋势、新问题，动态更新数字电网修正模型，保持时空一致，通过仿真推演对物理电网变化导致的潜在风险进行预警，并决策指导物理电网的运行状态，同时物理电网再次将指导结果反馈给数字电网校正更新，使得电网数字孪生系统更具灵活性和准确性。

4. 数字孪生技术展望

随着物联网、云计算、人工智能、大数据等技术在电力领域的快速发展和深度融合，数字孪生技术将呈现出如下趋势：

（1）精细化。随着数字孪生在电力领域的广泛应用，未来电力系统内的每一台设备、每一个部件都会衍生出对应的数字孪生体，其数字孪生体可贯穿本体的全生命周期。数字孪生技术将向全局、全生命周期的精细化方向发展。

（2）系统化。数字孪生的发展分为设备级、单元级、系统级三个阶段。随着数字孪生在电力领域的深度发展，为响应电力系统全环节协同需求，数字孪生技术将逐渐打破原有的碎片化应用模式，将设备级、单元级的数字孪生体有机整合到一起，向系统化方向发展。

（3）普遍化。数字孪生技术发展到一定程度时，构建数字孪生体的成本将会显著降低，为电力数字孪生技术的普遍化奠定基础，将形成发电、输电、变电、配电、用电全场景，规划、建设、运营全环节的电力数字孪生电网。

（4）开放化。随着数字孪生在各个行业领域的广泛应用，各行业领域间的数字孪生融合将成为必然趋势，数字孪生技术将向开放化发展，形成电力、水务、交通、消防、医疗等数字孪生协同体，共同为数字孪生城市提供支撑。

3.5.5　区块链技术

1. 区块链概述

区块链技术是利用块链式数据结构来验证与存储数据，利用分布式节点共识算法来生成和更新数据，利用密码学的方式保证数据传输和访问的安全，利用由自动化脚本代码组成的智能合约来编程和操作数据的一种全新的分布式基础架构与计算范式。区块链技术解决了不可信的互联网环境中点对点之间价值传输的问题，把传统的信息互联网带入了价值互联网新阶段，改变了只能依靠中心化机构转移价值的模式。

2. 区块链的主要特征

（1）去中心化。去中心化指区块链数据的存储、传输、验证等过程均基于分布式的系统结构，整个网络不依赖一个中心化的硬件或管理机构。作为区块链的一种部署模式，公共链网络所有参与的节点都可以具有同等的权利和义务。

（2）不可篡改。不可篡改指区块链系统的数据采用分布式存储，任意参与节点都可以拥有一份完整的数据库拷贝。区块链采用共识算法对数据进行合规性校验，确保只有符合一定规则的节点才能生成新的区块，因而区块链数据具有非常高的抗攻击性，从而实现了数据的不可篡改。

（3）可追溯。可追溯指每次生成区块数据时，在区块头部均有生成此次区块的时间戳，这些区块按生成的时间顺序依次链接，形成具有时间顺序的链式结构，具备可追溯能力。

（4）可编程。可编程指区块链平台提供灵活的脚本代码系统，支持用户创建高级的智能合约、货币和去中心化应用，使得区块链的功能、应用场景更加丰富。

3. 区块链的关键技术

（1）链式存储。链式存储是保障去中心化结构的关键所在。区块链中所有数据均以区块的形式存储，每次共识过程后的数据存储为一个独立的区块，各个区块依次环环相接，形成从创世区块到当前区块的一条最长主链，这些区块彼此相连形成区块链。区块链记录了链上数据的完整历史，能够为链上数据提供溯源和定位功能。区块数据由区块头和区块体组成，在区块头中记录本区块哈希值、相关版本、父节点哈希和时间戳等信息，在区块体中记录交易数据。所有区块数据均以链表或树形结构的交易形式进行存储。

（2）共识机制。共识机制是区块链的核心技术。共识机制与区块链系统的安全性、可扩展性、性能效率、资源消耗密切相关。从如何选取记账节点的角度出发，现有的区块链共识机制可以分为选举类、证明类、随机类、联盟类和混合类共 5 种类型。未来区块链共识算法的研究方向将主要侧重于共识机制的性能提升、扩展性提升、安全性提升和新型区块链架构下的共识创新。

（3）智能合约。智能合约是一组部署在区块链上的去中心化、可信息共享的程序代码。签署合约的各参与方就合约内容达成一致，以智能合约的形式部署在区块链上，从而可以不依赖任何中心机构自动化地代表各签署方执行合约。智能合约具有自治、去中心化等特点，一旦启动就会自动运行，不需要任何合约签署方的干预。

（4）跨链技术。跨链技术是实现链互操作和信息交互的桥梁。依据不同的技术路线，跨链技术可分为公证人技术、侧链技术、原子交换技术等三类。公证人技术是指交易参与方事先选择一组可信的公证人，以确保交易的有效执行。侧链技术是指一条区块链可以读取并验证其他区块链的事件和状态。侧链技术可分为一对一侧链和星形侧链两大类。原子交换技术是指当位于两条链上的双方互换资产时，交易双方通过智能合约等技术，维护一个相互制约的触发器以保证资产交换的原子性。

（5）隐私保护。隐私保护很大程度上决定了区块链的应用范围和领域。为了使分布式系统中的各节点之间达成共识，区块链中所有的交易记录必须向所有节点公开，这将显著增加隐私泄漏的风险。区块链的隐私保护主要可以分为三类：网络层隐私保护、交易层隐私保护和应用层隐私保护。网络层隐私保护包括区块链节点设置模式、节点通信机制、数据传输的协议机制等；交易层隐私保护的侧重点是满足区块链基本共识机制，以及在数据存储不变的条件下尽可能隐藏数据信息和数据背后的知识，防止攻击者通过分析区块数据提取用户画像；应用层隐私保护的侧重点是提升用户的安全意识、提高区块链服务商的安全防护水平，例如合理的公私钥保存、构建无漏洞的区块链服务等。

4. 区块链技术展望

区块链技术作为当前最热门的新兴信息技术之一，各行各业都在积极探索区块链技术的应用。未来，区块链技术的发展趋势主要有以下两个方面：

（1）可信性将成为区块链技术的核心要求。在以区块链为基础的价值传递网络上，仅通过软件构成的信任是远远不够的，还需要进一步通过标准化研究为区块链增加可信度。区块链可信性将以电力业务为导向，从智能合约、共识机制、私钥安全、权限管理等维度，规范区块链技术发展，增强区块链的可信程度，给区块链的信任增加砝码。

（2）"云-链"融合趋势明显。基于云的联盟链平台已经成为各大企业在区块链领域中竞争的主阵地，云计算的成本优势和灵活性，降低了企业上链、用链的基础设施门槛。目前，区块链服务网络、星火链网已经成为国家级区块链基础设施，百度超级链、蚂蚁区块链、腾讯区块链等均围绕着联盟链进行生态构建。未来的区块链应用将"脱虚向实"，实现数据和资产的可信流转，为企业降低成本、提升协作效率、激发实体经济增长。

3.5.6　信息安全技术

1. 信息安全概述

数字化电网中的信息系统构成一个高度融合的网络，信息在其中的传递是快速通畅的，但同时也带来了许多未知的不安全因素，增加了系统的风险。

因此，数字化电网的安全运行不仅离不开电网的物理稳定性，也离不开 IT 系统的信息安全性。电网信息网络安全基础体系，可以为电力信息安全提供技术保障，其目标不仅是实现电力一次系统的安全稳定运行，而且要确保电力二次系统的信息和监控系统的安全。

信息安全是保护信息和信息系统不被未经授权地访问、使用、泄露、修改和破坏，为信息和信息系统提供保密性、完整性、可用性、可控性和不可否认性的能力。信息安全防护的目的是保护信息免受威胁损害，确保业务连续性，最小化业务风险。随着电力系统的发展，传统电力业务和新兴互联网业务并存，网络边界逐渐开放，各种形态的终端设备与电力系统交互联通，电力信息安全问题日益严峻，对信息安全防护技术的要求不断提升。电力信息安全的特征如下：

（1）安全威胁的差异性。在信息安全分析过程中要求对威胁进行识别。电力信息安全需要面对客观和主观两大类威胁，每种威胁的属性及发生频率都存在差异。公网上常见的病毒和木马未必是影响电力监控系统的主要威胁，但恶意操作、恶意破坏可能是需要面对的特有威胁。

（2）安全需求的多样性。这种特性体现在电力系统运行、管理、控制和市场等各个方面，每个环节的信息安全体现出不同的需求。例如广域测量系统中要求相量测量子站能够将数据实时传递给主站系统，对系统的可靠性就提出了很高的要求。又例如，在变电站自动化系统中，为确保开关设备的远程操作指令来自合法的发起者，要求通信报文具备可认证性和完整性。

（3）事故后果的严重性。信息基础架构与电力基础架构是紧密耦合在一起的。信息安全威胁主要来自通信和信息系统，破坏后有可能影响到电力系统的安全稳定运行，甚至导致一次系统的振荡和大范围停电事故。

（4）事故样本的缺失性。事故样本包括历史数据和实验采样在内的事故样本，是进行事故评估量化的基础。尽管电力系统已经发生了一些信息安全事故，但数量和种类仍不能满足风险量化分析的需要，而电力系统的重要性也决定了很难通过对生产控制区的模拟攻击来获取事故样本。

（5）信息架构的异构性。信息架构的异构性主要体现在存储计算能力、通信以及协议等方面。比如场站端的网关设备在存储空间和计算能力上都可能存在限制，导致很多常规安全措施无法直接配置，如密码算法和密钥交换。为提高通信的可靠性，大部分系统存在多种备用通信连接，这也使得典型的安全措施难以起到作用。同时，通信设备间协议的多样性，也增加了设备通信的安全风险。

以上特征，既是电力系统独有的信息安全特征，同时也是电力系统信息安全区别于常规信息安全的主要特点。基于电力信息安全的发展特征，目前受到较高关注的电力信息安全新技术主要有终端安全防护、量子保密通信、安全态势感知等。

2. 终端安全防护技术

终端安全防护以安全策略控制为核心，以终端安全为基础，通过对操作系统、通信数据等进行安全增强，保证终端在可控状态下运行，从根源上有效抑制对终端安全的威胁，达到防止被攻击的目的。终端安全防护主要面临的挑战包括防御恶意软件、阻止已感染的终端向网络传播威胁信息、防止通过端点软件窃取数据和数据泄露，以及谨防端点用户本身。

1）终端安全防护的特征

终端安全防护的特征包括：

（1）防护薄弱。电力终端自身安全防护能力薄弱，海量设备接入后，一旦攻击者利用平台发起跳板攻击，影响后果将成倍放大。

（2）风险点多。大量异构设备接入，且异构设备的连接条件和连接方式多样，可能存在不安全的接口，导致异构设备接入的安全管理欠缺，进而引起更加严重的终端安全问题。

（3）资源受限。电力终端通常采用轻量化设计，使得计算、存储和网络资源受到限制，且可信执行环境未被全部应用，使得某些设备容易遭受恶意入侵。

2）终端安全防护的关键技术

终端安全防护的关键技术主要有以下四个方面。

（1）终端安全登录技术。终端安全登录技术是对用户登录操作系统的身份认证方式进行加固，通过操作系统提供用户名、口令等安全认证方式实现系统登录。但是在一些强管控的环境下，为了防止用户名和口令泄露或者弱口令导致系统被恶意攻击者控制，需对操作系统的登录进行安全加固，通常使用 USB Key 或者生物特征的方式登录操作系统，提高系统的安全性。

（2）终端外设管控技术。终端外设的管控是终端安全防护的核心环节，通过对外设的读写进行控制，可以阻止终端的信息泄露。外设管控的范围包括信息存储和信息传输的外设，如 USB 存储设备、光驱设备、蓝牙设备、红外设备、串口和并口传输设备等。终端外设管控是控制与审计并重，通过配置安全策略，提供精细化的外设控制力度。同时，终端外设管控还需要对外设的使用情况进行审计，如 USB 介质的插拔日志、光盘的读写和刻录记录等。

（3）终端接入管控技术。终端接入管控技术是指对各类终端接入局域网进行终端身份认证和准入控制。在进行接入终端身份认证时可实现对入网终端身份的鉴别。准入控制是指基于设备准入策略对终端环境进行安全合规性检查，并阻止违规终端入网。在接入身份认证上，通常终端身份标识包括用户名、口令标识、设备指纹标识、设备证书标识等；在准入控制上，准入规则主要考虑终端的安全防护配置，如终端口令的复杂度、终端防火墙的开启情况、终端 Guest 账号的开启情况、非涉密计算机涉密文件的使用情况、BIOS 口令的设置情况、终端防病毒安全软件的安装情况等。

（4）终端网络访问控制技术。终端安全威胁传播和信息泄露的重要途径就是网络访问，终端网络的非法访问为病毒、木马等恶意软件的传播提供了信息传输通道。利用 Windows 网络驱动拦截、Linux 包过滤以及网络非法外联检测等手段，基于 IP 五元组，可对进出终端的网络报文实现访问控制，阻断违反访问控制规则的报文，检查进入终端的报文，阻止对危险端口的访问。

3）终端安全防护的发展趋势

设备终端安全是通信网络安全的重要组成部分，随着 5G、人工智能技术的发展应用，终端安全防护将逐步向智能化、快速化、轻量化方向发展。

（1）智能化。随着电力终端对安全防护要求的提升，电力终端需提升对未知危险的检测能力，通过可信身份认证、人工智能学习、自我进化等实现对未知病毒的智能检测和精准识别。国内相关企业正在研究基于轻量级人工智能检测引擎，利用深度学习技术对多维的原始特征进行分析和综合，提升安全防护能力。

（2）快速化。电力终端将及时、高效地处理安全威胁。一方面，终端本身根据检测命中的威胁内容进行及时处置；另一方面，终端安全作为安全建设的关键一环，应能够与其他安全设备联动进行协同响应，形成立体防护能力，快速封堵威胁，缩短威胁发现和处置的时间。

（3）轻量化。随着电力终端安全防护体系向感知层末端设备的进一步延伸，终端安全防护技术将向轻量化方向发展，通过安全芯片与轻量化可信安全系统的融合应用，提供更加轻量级的电力终端安全防护策略，保证终端设备的信息安全。

3. 量子保密通信技术

量子保密通信技术利用量子不确定性原理与量子态不可复制的特性进行安全密钥分发，将量子态作为信息加密和解密的密钥，即使攻击者具有无限计算资源，也无法测量和复制该密钥（量子态），一旦进行窃听即会被发现。量子保密通信理论上可实现不可破译的无条件安全加密通信，是目前最具备实用化的量子通信技术。

1）量子保密通信的组成

量子保密通信由用户节点、中继节点和集控节点三部分组成。

（1）用户节点。用户节点是业务加密接入设备，不考虑成环需求，用于重要性一般的节点，包含量子密钥生成终端 B、量子虚拟专用网络（Virtual PrivateNetwork，VPN）等设备。其中，量子密钥生成终端 B 主要用于量子密钥接收、量子密钥存储和量子密钥管理；量子 VPN 结合量子密码与 IPSec VPN 技术，用量子密钥对用户业务数据进行加解密，为用户数据传输提供量子密钥和网络密钥交换协议（Internet Key Exchange，IKE）密钥的双重密钥加密保障。

（2）中继节点。中继节点的功能是对量子密钥进行分发、存储和中继，没有对本地业务加解密及区域网络管理等需求，目的是扩展量子信道的距离，包含量子密钥生成终端 A、量子密钥生成终端 B、量子密钥管理机等设备。其中，量子密钥管理机用于量子密钥分发控制、密钥接收、密钥比对、密钥存储、密钥中继、中继密钥路由控制及密钥输出。

（3）集控节点。集控节点具备量子密钥生成、分发、存储、中继等量子化功能以及业务加解密及区域网络管理等经典功能，是成环的主要组成元素。集控节点包括量子密钥生成终端 A、量子密钥生成终端 B、量子 VPN、光量子交换机、量子密钥管理机以及量子网络管理系统等设备。其中，光量子交换机用于实现量子信道时分复用；量子网络管理系统主要针对量子设备的监控与管理，实现配置管理、拓扑管理、告警管理、性能管理等功能。

量子保密通信技术作为信息通信领域的重要发展方向，探索它在电力系统中的应用是非常有意义和有前瞻性的工作。将量子保密通信技术与传统安全防护技术和经典设施相融合，可成为保护电力系统数据安全的技术选择之一。

2）量子保密通信的主要特征

量子保密通信的特征主要有以下三点：

（1）安全性高。量子保密通信的关键要素是量子密钥，即以具有量子态的物质作为密码。根据量子不可克隆定理，一旦量子被截获或者被测量，其自身状态就会立刻发生改变，截获量子密钥只能得到无效信息，而信息的合法接收者则可以从量子态的改变中得知量子密钥曾被截获过。

（2）保密性强。量子保密通信中明文与密文按照密钥加密技术进行分段，每一个信息段的输出与其他信息段的加密输出互不干扰，生成密钥的机制具有充分的随机性，且密钥分布是均匀的。

（3）抗干扰性强。量子通信中的信息传输不通过传统信道，与通信双方之间的传播媒介无关，且不受空间环境的影响，具有良好的抗干扰性能。同等条件下，获得可靠通信所需的信噪比比传统通信手段低 30～40 dB。

3）量子保密通信的发展趋势

量子保密通信在原理上保证了密钥分配的安全性，结合"一次一密"等密钥更新手段能够提升密码破解的难度，可有效提高电网生产、企业运营的安全性，具有广泛的应用前景。随着与电力业务的深入融合，量子保密通信呈现如下发展趋势：

（1）量子密钥一体化的动态调配。由于电力各业务的网络应用环境、信息安全风险类别（访问合法性、数据完整性、数据保密性、系统可用性等）、业务数据特性（如平均流量、突发特性、时延要求等）等具有不同特点，它们对量子保密通信的需求和使用方式不尽相同。须结合已广泛使用的电力三级数字证书颁发（Certificate Authority，CA）模式，提出面向电力多业务应用场景下的量子、经典密钥一体化动态调配和使用演进策略。

（2）通信偏振成码率提高。通过对组网能力、量子加密通信设备本身的安全设计，开展模拟电网环境下量子保密通信系统的量子性能测试工作，实测电力业务中量子保密通信系统的运行状态和各项性能指标，提升量子保密通信系统的偏振成码率，减弱电力通信组网复杂、空间跨度大、电磁辐射影响以及受自然环境因素干扰等问题对量子保密通信中成码率的影响，将进一步加快与电力业务的深入融合应用。

4. 安全态势感知技术

安全态势感知技术泛指某一特定的系统对外部特定的数据进行采集、分析及预测，评估可能对该系统造成风险的因素，进而采取应对风险的防御措施。利用该技术可以减少风险造成故障发生的概率。随着网络攻击技术的不断革新，网络安全问题越发突出，安全态势感知对网络攻击应具有全天候感知能力，第一时间发现威胁，作出研判和处理。

1）安全态势感知的主要特征

安全态势感知的特征有以下两点：

（1）数据种类繁多。该技术对整个网络状态进行数据提取，包括网站安全日志、漏洞数据库、恶意代码数据库等数据，尽可能多地收集数据，通过统筹整理，对整个网络数据、设备、业务的全面安全态势做出合理分析。

（2）预测及时准确。该技术通过对采集的数据进行分析，匹配相关的数据库和特征库，定性、定量地分析当前网络的安全状态和薄弱环节；通过评估不同的分析结果，及时预测后续的发展趋势，为用户提供多形式、多方位的应对措施。

2）安全态势感知的关键技术

安全态势感知的关键技术包括以下三点：

（1）安全要素提取技术。通过收集网络节点、连接和各种监视的数据，使用专用工具和软件，识别完整的入侵攻击要素，包括身份验证、应用程序访问权限、终端行为检测、恶意代码检测以及记录攻击网络的信息。其中，数据收集的主要来源是设备网络系统配置信息、网络设备维护日志信息、警报信息和安全工具日志信息。通过有效地提取、集成这些信息，为理解和使用这些信息提供依据。

（2）安全态势评估技术。全面掌握安全态势的前提是及时识别网络攻击活动及其特征，分析这些特征的区别与联系，通过构建数学模型，评估攻击造成的危害。基于数学模型的态势评估方法包括层次分析法、熵值法、集对分析法等。其中，层次分析法相对简单，但各层次因素受主观因素的影响较大。熵值法较层次分析法更可靠、更准确，但不能降低目标层次的权重。集对分析法利用关联度来处理由于偶然性、模糊性和不完整信息引起的许多不确定性。

（3）安全态势预测技术。安全态势预测是指结合过去的经验和当前的理论，分析安全态势信息，预测未来安全趋势。网络安全状况的变化是不确定的，其性质、范围和目的也不确定。根据安全态势预测的属性，将常用的安全态势预测方法分为因果预测法和定性预测法。因果预测法由系统变量确定某些因素的可能结果，通过建立数学模型，推测出安全态势的发展趋向。定性预测方法先将前期收集到的安全态势数据归纳整理后，依据预先制定好的判断逻辑，对各种网络安全信息进行判断，预测各个信息的关联性和发展趋势。

3）安全态势感知技术的发展趋势

随着电力安全态势感知技术的发展，结合新技术在电网安全领域的应用，安全态势感知技术预计将向主动防护、新技术融合两个技术方向发展。

（1）主动防护。传统的安全评估、防御方法已逐渐满足不了电力业务对安全态势感知技术的判断准确度、精度的要求，电力安全态势感知技术将逐步从被动预防向主动防护发展。通过连续监测网络中的通信数据、流量模式以及设备状态等信息，并对这些信息加以提取与融合，准确掌握系统的安全态势，主动感知网络安全状态，检测是否存在违反安全策略或被攻击的迹象，才能在电力信息网络遭受任意攻击之前，及时地采取有效的防护措施。

（2）新技术融合。人工智能、机器学习等新技术凭借自身的优势和特点已经成为安全态势感知技术的重要手段，大数据、云计算、物联网等也为安全态势感知技术提供了新的方法和应用场景，同时将区块链、蜜罐等技术应用到安全态势感知技术中将成为一种不可避免的趋势。安全态势感知技术与这些新技术的融合将会为该领域带来新思路，为解决安全态势感知技术问题提供新方法。

第4章 新型电力系统的关键技术

4.1 先进配电网技术

  配电网是指从输电网或地区发电厂接收电能,通过配电设施就地分配或按电压逐级分配给各类用户的电力网,由架空线路、电缆、杆塔、配电变压器、隔离开关、无功补偿器及一些附属设施等组成,根据电压等级分为高压(35 kV、63 kV 和 110 kV)、中压(6 kV、10 kV 和 20 kV)和低压(220/380 V)配电网。

  传统配电网建设主要采用交流配电方式,但交流配电网面临着线损高、电压跌落、电能质量扰动等一系列问题。近年来,海量分布式电源、储能、电动汽车等直流电源或直流负荷的广泛接入,使得采用直流配电方式不仅能够减少功率损耗和电压降落,而且能够有效解决谐波、三相不平衡等电能质量问题,更无须经过交直流转换,从而节省了整流器及逆变器等换流环节的设备建设资源,更有利于缓解城市电网站点走廊紧张的问题,在改善供电质量、提高供电效率与可靠性等方面的优势明显。我国交流配电网的基础设施建设完善,因而在交流配电网的基础上,建设交直流混合配电网是未来配电网的重要发展趋势。

  随着海量分布式电源、储能、电动汽车等新型的广义负荷的广泛接入,用户供需互动日益频繁,使得配电网出现双向化、智能化、电力电子化等新特征，同时会造成配电网的源网荷具有更强的时空不确定性，呈现出常态化的随机波动和间歇性，给配电网安全可靠运行带来更大挑战。因此，依托电力电子技术及新一代信息通信技术，建设适应高渗透率分布式电源的智能柔性配电网是构建新型电力系统的必要途径。近年来，许多国家如美国、日本、澳大利亚等纷纷开展了对微电网技术的研究，并且解决了一部分微电网技术中的运行、保护、经济性等理论问题。微电网是将分布式电源、储能、负荷组网，形成独立自治的一发一输一配一用小型网络，内部的电源主要由电力电子器件负责能量的转换，并提供必要的控制。相对于外部大电网，微电网表现为一个单一的可控单元，该可控单元能够满足微电网内部用户对电能质量及供电可靠性和安全性的要求，可以看作是一个小型的电力系统。微电网存在两种典型的运行模式：正常情况下微电网与常规配电网并网运行，称为联网模式；当检测到电网故障或电能质量不满足要求时，微电网将及时与电网断开而独立运行，称为孤岛模式。两者之间的切换必须平滑而快速。

4.1.1　中低压直流配用电技术

1. 现状

近年来，随着能源、清洁的加速转型，风、光等新能源大量并网，以电动汽车为代表的直流负荷快速发展，直流电网逐渐兴起。由于交直流电网互联必须经由专用设备转换，这就增加了电能损耗和电网调控难度，降低了能源利用效率。因此，推动智能电网技术创新，构建高效、低耗、可靠的直流配用电系统，成为了未来电网的发展趋势。

国外对直流配电网架构及关键技术的研究开始于 2004 年，其雏形是由日本学者提出的基于直流微网的分布式发电系统。美国弗吉尼亚理工大学提出了四级分层交直流混合配电网，美国北卡罗来纳大学提出了用于接纳和管理新能源的未来可再生能源传输和管理(The Future Renewable Electric Energy Delivery and Management，FREEDM)系统结构混合配电网，英国、瑞士和意大利等欧洲学者提出了与 FREEDM 结构与功能类似的通用柔性能量管理(Universal and Flexible Power Management，UNIFLEX - PM)系统。实际上，以上直流配电系统的电压等级均低于 1.5 kV，其主要目的并不是向用户供电，而是从用电和终端供电的角度更好地接纳和管理可再生能源发电，发挥能源路由器的作用。因此,并未很好地考虑配电系统特点对网络架构的具体要求。目前国际上已经建成的中压直流配电工程是德国的亚琛大学在校园内建设的 $\pm 10\ kV$ 直流配电系统,该工程采用双极结构,供电半径约为 $500\ m$。我国学者从配电网的特征出发,对直流配电网的结构形式和电压等级序列进行了较为深入的研究工作,提出了直流配电网的基本拓扑结构,包括放射状、两端供电状、环状以及网状等。这些结构形式与交流配电网具有很强的兼容性,且考虑了配电系统供电可靠性的要求,有效地推动了直流配电网技术的发展。但是,目前国内对直流配电网络架构的研究仍停留在如何充分发挥直流配电技术可控性强的优势、如何有效规避直流开断技术不成熟等方面,尚缺乏深入系统的考虑,值得进一步研究。

2. 发展趋势

智能配电网的关键技术主要围绕如何提高配电系统的可观性、可测性和可控性,目标是将配电网从静态运行结构转变为灵活的、可主动运行的"智能"结构。在实现"双碳"目标、构建有更强新能源消纳能力的新型电力系统背景下,我国柔性智能配电网将迎来前所未有的发展机遇。在新时代发展要求下,配电网的智慧化水平将得到快速提升,调节能力和适应能力将大幅度提高,实现电力电量分层分级分群平衡,形成安全可靠、绿色智能、灵活互动和经济高效的智能配电网。

(1)电压等级序列及典型供用电模式。考虑源荷分布特性及接入需求等因素,不同区域内规模化直流用户具备同质化特性,系统的供电能力、电能质量、安全性、可靠性、用电能效、运行效率及技术经济性会影响系统多目标规划方法与评估体系。多应用场景背景下,对供电能力、交直流互联、配用电安全提出了不同要求,研究确定合理的电压等级序列、网架结构、接地方式、接线方式及一、二次设备的优化配置方法,是构建典型供用电模式的关键科学问题。

(2)直流配用电变换及开断装备技术。中低压直流配用电系统对设备占地面积、运行可靠性方面要求较高,重点研究分相背靠背布置的紧凑型柜式换流阀布置方式,有助于实现中低压直流配用电系统的关键变换装备技术。利用磁感应电流转移方法及新型电流注入式直流开断拓扑,提升磁感应转移模块电路及结构参数对电流转移能力,掌握参数配合关系及其适应性规律,有助于实现中低压直流配用电系统的关键开断装备技术。

（3）多电压等级直流配用电系统控制保护技术。多电压等级直流配用电系统运行控制方式灵活，可根据直流母线电压、储能荷电状态等关键运行参数进行状态快速平滑切换，中压侧多换流器协调配合、低压侧快速自主精细控制技术，解决多电压等级直流配用电系统在弱阻尼低惯性条件下快速稳定控制的难题，解决源、荷功率波动频率时变性背景下的调度成本与能量优化效果之间的矛盾，实现直流配电网多时间尺度多目标优化运行。多电压等级直流配用电系统中，各类电力电子装置交互影响导致其故障特征复杂，造成故障特征提取和识别的难度增大。故障电流快速上升时换流阀等电力电子装置在故障时表现出脆弱性。实现基于多特征量综合判别和网络化多点信息的多电压故障定位和限流技术，有助于满足直流配电系统对保护快速性与准确性的更高要求。

4.1.2　智能柔性配网技术

1. 现状

当前，智能柔性配电网处于发展初期阶段，实践较少。国网智能电网研究院提出并研制了柔性变电站，容量 5 MW，具有 10 kV 交/直流、低压 750 V 直流及 380 V 交流 4 个端口，主要以多功能电力电子变压器替代传统变电站中的变压器等一次设备，推动变电站关键设备由"多种设备组合"向"单一设备集成"方向发展，具有灵活组网和"一站多能"等优势，可满足分布式电源、新能源汽车、大数据中心等新兴负荷大规模接入对配电网提出的直流供电、高可靠性、高质量供电等要求。

2. 发展趋势

（1）配电网的柔性互联互济新结构与新形态技术。该技术面向未来高比例分布式能源接入配电网的需求，能够完成智能配电网的一次网架改造和完善，建成支撑高比例分布式能源接入的柔性互联互济的智能配电网新结构与新形态，同时加强电网技术改造，治理电网安全隐患，提高新能源消纳能力。

（2）柔性配电系统灵活高效调控技术。为满足韧性提升策略实现的快速性，通过有线通信实现多区域系统协同，采用去中心化控制架构取代通信负担大的集中式控制方式将成为发展趋势。因此，为使柔性配电系统的高灵活性运行，建立支撑柔性配电系统高灵活性运行的去中心化控制架构，是亟待解决的关键科学问题。在去中心化控制架构下，需要各分区具备更强的智能化自主决策水平，基于本地信息进行精准决策，支撑系统高灵活性运行，实现柔性配电系统区域自治，实现高韧性供电的目标。

（3）柔性配电系统自适应运行调控技术。在实际配电网复杂的运行环境中，精准的配电网络参数往往难以获取，且分布式能源高比例接入，配网用户个体层面的信息收集更加困难，配电系统精确的数学机理模型很难建立，且其适用性比较有限，给柔性配电系统的精细化运行调控带来新挑战。因此，充分利用多源数据融合并挖掘其蕴含的重要信息，以数据驱动为核心构建柔性配电系统自适应运行调控新模式，成为准确参数匮乏场景下解决电压越限等一系列问题的关键。随着实时测量和通信系统的发展，配电网可以获取海量多源异构的运行数据，利用不断产生的多源数据集合，充分挖掘其中蕴含的重要信息，实质性提升柔性配电系统在复杂场景下运行控制的动态自适应能力。

4.1.3　微电网技术

1. 现状

美国是最先提出微电网概念的国家。1999年，美国可靠性技术解决方案协会首次对微电网在结构、控制、经济等方面进行了研究，并于2002年正式提出了相对完整的微电网概念，也是目前微电网概念中最权威的一个。欧洲国家于2005年提出 Smart Power Networks 计划，随后便出台该计划的技术实现方略。Smart Power Networks 计划作为欧洲2020年及后续的电力发展目标，表明未来欧洲电网需具备灵活性、可接入性、可靠性及经济性。我国自从开发研究微电网技术以来，相关技术不断发展完善并日益成熟，2009年中央及政府开会关注并提出微电网建设问题，并于2010年9月正式开始微电网建设试点工作。目前我国微电网的试点示范工程主要集中在边远地区（表4-1）、海岛以及城市园区等地区。边远地区及海岛地区主要利用本地可再生分布式能源的独立微电网，以解决地区供电问题，但可再生能源的间歇性和随机性较强，海岛地区还面临极端天气、自然灾害频繁等挑战。城市微电网重点包括集成可再生分布式能源、提供高质量及多样性的供电可靠性服务、冷热电综合利用等方面。

表 4-1　我国部分边远地区的微电网

名称/地点	系统组成	主要特点
西藏阿里地区狮泉河微电网	10 MW 光伏电站，6.4 MW 水电站，10 MW 柴油发电机组，储能系统	光电、水电、火电多能互补，海拔高、气候恶劣
西藏日喀则地区吉角村微电网	总装机 1.4 MW，由水电、光伏发电、风电、电池储能、柴油应急发电构成	风光互补；海拔高、自然条件艰苦
西藏那曲地区丁俄崩贡寺微电网	15 kW 风电，6 kW 光伏发电，储能系统	风光互补；西藏首个村庄微电网
青海玉树藏族自治州玉树市巴塘乡 10 MW 级水光互补微电网	2 MW 平单轴跟踪光伏发电系统，12.8 MW 水电和 15.2 MW·h 储能系统	兆瓦级水光互补，全国规模最大的光伏微电网电站之一
青海玉树州杂多县大型光伏储能微电网	3 MW 光伏发电，3 MW/12 MW·h 双向储能系统	多台储能变流器并联，光储互补协调控制
青海海北州门源县智能光储路灯微电网	集中式光伏发电和锂电池储能	高原农牧地区首个此类系统，改变了目前户外铅酸电池使用寿命在两年的状况
新疆吐鲁番新城新能源微电网示范区	3.4 MW 光伏容量（包括光伏和光热）储能系统	当前国内规模最大、技术应用最全面的太阳能利用与建筑一体化项目
内蒙古额尔吉纳太平林场微电网	200 kW 光伏发电，20 kW 风电，80 kW 柴油发电，100 kW·h 铅酸蓄电池	边远地区林场可再生能源供电解决方案
内蒙古呼伦贝尔市陈巴尔虎旗微电网	100 kW 光伏发电，75 kW 风电，25 kW×2·h 储能系统	新建的移民村，并网型微电网

2. 发展趋势

在微电网研究领域，最关键的技术是微电网的运行控制。目前，主要研究以下三种微电网控制方式。

（1）基于电力电子技术等概念的控制方法。该方法根据微电网的控制要求与发电机的下垂特性将不平衡功率动态分配给各机组承担，具有简单、可靠和易实现的优点。

（2）基于能量管理系统的控制方法。该方法采用不同的控制模块分别对有功和无功进行控制，很好地满足了微电网的多种控制要求。此外，该方法针对微电网中对无功的不同需求，功率管理系统采用了不同的控制方法，从而提高了控制性能。

（3）基于多代理技术的微电网控制方法。该方法将计算机领域的多代理技术应用到微电网，其代理的自治性、自发性等特点能够很好地适应和满足微电网分散控制的要求。微电网的保护方法与传统配电网的保护方法不同，主要是微电网的多电源特性使得两者区别很大。微电网控制的主要难点在于潮流的双向流动、并网和孤立运行时短路容量的变化方面。因此，传统配电网在低压侧集中无功补偿的方法已经不适合微电网。大部分新能源发电技术所发出的电能在频率和电压水平上已不能满足现有互联电网的要求，因此无法直接接入电网，需通过电力电子设备才能接入。为此，要大力加强对电力电子技术的研究，研制一些新型的电力电子设备作为配套设施，如并网逆变器、静态开关和电能控制装置等。

4.1.4 新能源并网支撑技术

随着"双碳"进程持续推进，我国加快构建以新能源为主体的新型电力系统，海量新能源技术被广泛并入电网，高比例新能源技术将成为未来电力系统发展的重要特点。然而，以风、光为主的新能源发电单元本身电网支撑能力弱、抗干扰性差。虽然目前基于发电单元电力电子装置的灵活控制，可以实现低电压故障穿越等功能，但其电网支撑和调节能力与传统同步发电机相比还有很大不足。随着电网中传统电源的逐渐退出、占比日益降低，大规模高比例新能源接入给电网的安全稳定运行带来的挑战也越来越大，为此需大力发展高比例新能源并网支撑技术。

欧美国家经过 40 多年的发展，逐步建立了较完善的新能源并网技术体系，各国电网通过技术标准，规范了风电、光伏等新能源设备和电站的入网要求。主流的风电机组/光伏逆变器普遍具备有功无功控制、低电压穿越等基本技术条件。此外，通过场站级的灵活控制，实现了精细化的无功电压、一次调频等并网调控手段，可满足不同国家电网对新能源发电差异化的并网要求。对于分布式并网的新能源，随着渗透率的不断提高，新的并网标准也对其支撑能力提出了更高要求，零电流并网、频率/电压下垂控制等新型支撑技术不断得到应用。

4.1.5　典型工程实践

1. 苏州工业园区纯直流配用电示范工程

苏州工业园区纯直流配用电示范工程针对高比例分布式可再生能源区域、数据中心、工业园区、新型城镇等场景，建设了若干满足不同类型需求的直流配用电系统，实现了直流负荷密集区域的直流配电网直配直供，显著降低了配用电系统损耗。

苏州工业园区纯直流配用电示范工程新建了庞东、九里两座直流中心站，构建涵盖市政、工商、民用等多个应用场景的中低压直流配用电系统，其累计接入直流负荷 10.5 MW，同时具备 ± 10 kV、750 V、± 375 V 等三个直流电压等级，满足不同应用场景、不同类型用户的用电需求。

2. 同里新能源小镇综合示范工程

同里建成交直流混合的多类型分布式可再生能源互补系统，其系统总容量达 0.45 万千瓦，其中直流负荷占比超过 30%，可再生能源占比超过 60%。实现小镇供电可靠率达到 99.9999%，N－1 通过率和电压合格率为 100%。新能源利用量占小镇能源消费总量的比重接近 100%。

同里新能源小镇综合示范工程建设有交直流智能配电样板，推动能源配置安全高效，建设微网路由器、三端柔性直流、大规模低压直流配电环网、高温超导工程，运用"源网荷储"协调控制技术，实现各种能源灵活接入、智能配置、协调控制，保障能源安全、智能、高效供应。此外，该工程建设有交直流智能配电样板，即世界首台首套交直流微网路由器示范工程。在启动区实施交直流微网路由器示范工程，搭建交直流混合网络。配置一台 3000 kW 微网路由器，提供四个双向可控端口：10 kV 交流、380 V 交流、±750 V 直流和±375 V 直流。

3. 特变电工园区光储充微电网示范工程

2019 年，特变电工的首个基于两部制电价需求响应的工业园区光储充微电网示范工程，在特变电工西安产业园成功投入运行，该工程使得园区用电成本下降超 30%，光伏自发自用比例达到 100%，该工商业园区具有良好的商业推广价值。特变电工工业园区光储充微电网示范工程包含峰值输出功率达 2 MW 的光伏发电系统，1 MW/1 MW·h 储能系统和 960 kW 的电动汽车充电桩，实现了特变电工自主研发的能量管理系统、储能系统以及虚拟同步机的示范运行。该工程首次在工业园区微网中引入基于两部制电价的需求响应技术及经济优化算法，可实现"基础电费＋电度电费"双重降费。微网示范工程采用站端和云端的双端运维系统，基于信息化实现数据驱动，借助云计算实现数据融合，实现微电网中能源流和信息流的双向流动。集控屏幕上，各类设备实时运行状态、运行数据、功率曲线以及经济指标全景展示；集控室外，只需通过网页登录园区微电网智能运维云平台，就能实时掌握微电网的运行情况，可以方便快捷地查询历史数据、响应设备故障报警。同时，一站式运维正在推进当中，可利用智能云平台来实现微电网全生态链管理和集群化运维。

4.2 集成通信技术

4.2.1 集成通信技术概述

集成通信技术保证了电网数据的传输，其主要包含有线通信方式如光纤、电力线载波（Power Line Carrier，PLC）、工频控制技术、Modem、现场总线和 RS-485、DSL 等；无线通信技术包含有调幅、调频、微波通信、卫星通信、主动 RFID、Bluetooth、WiFi、ZigBee 等。多种灵活的通信技术为数据的传输提供了多种可选方式。

骨干网通信技术是一种重要的集成通信技术。骨干传输网是电力通信网中核心网络的基础设施之一，包含省际、省级、地市（含县域）三级架构，主要采用同步数字体系（Synchronous Digital Hierarchy，SDH）、分组传输网（Packet Transport Network，PTN）、光传输网络（Optical Transport Network，OTN）等光纤通信技术以及软件定义网络（Software Defined Network，SDN）等网络管控技术，对于支撑电力通信网络向宽带化、智能化、高可靠化发展具有举足轻重的作用。

1. SDH

SDH 是一套可进行同步信息传输、复用、分插、交叉连接的标准化数字信号结构等级体系，在光纤等传输媒介上进行同步信号传送，具备统一的接口规程，提高了网络的稳定性、兼容性和可靠性；网络运行灵活、安全、可靠，网络功能齐全多样，能够实现不同层次和各种拓扑结构的网络；网管功能强大，网络管理统一。SDH 的主要特点如下：

（1）网络节点和传输设备的接口统一。对于不同功能特点的不同网络节点接口，对信号的速率等级、帧结构、线路接口、复接方式、监控管理等方面进行统一的规范，使得 SDH 实现了多厂商环境下的互操作，具有良好的横向兼容性。

（2）全面前向及后向兼容能力。以 1.554 Mb/s 和 2.048 Mb/s 为基群的各系列数字信号都可以装入相应的容器，然后被复接到 155.520 Mb/s SDH 的同步传输模块信息帧结构中的净负荷区内，使其具有向准同步数字体系（Plesio-chronous Digital Hicrarchy，PDH）兼容的特性。同时，155.520 Mb/s 和 622.080 Mb/s 信号又与异步转移模式的用户环路信元速率保持一致，使其具有支撑宽带业务的前向兼容特性。

（3）灵活的上下话路和动态组网技术。SDH 具有矩形块状帧结构，使得低速率的支路在帧中均匀且有规律地分布，能够从信息传输过程中的高速率信号一次性直接分插出较低速率的信号，分插的同时不会影响到其他支路的信号。SDH 同步和灵活的复用方式简化了数字交叉连接功能的实现过程，增强了网络的自愈功能，用户可以根据新业务引入的需求进行动态组网。

（4）充分的比特开销。在 SDH 帧结构中，通过丰富的比特开销来传输网管信息，实现了网络操作管理与维护能力的大幅提升。同时，通过在 SDH 的控制通路中嵌入控制字，可以将部分网络管理能力分配到智能化网元，如数字交叉连接设备(Digital Cross Connect，DCC)、分插复用器(Add Drop Multiplexer，ADM)等技术，实现分布式管理，并利于开发新特性及新功能。

（5）网络同步。在 SDH 网络中通过主同步方式，采用一系列分级时钟使每一级时钟与其上一级时钟保持同步，实现网络中各个节点与主时钟保持高精度、高稳定性同步。这样，各个网络单元在基准时钟下工作，减少了频率调整，改善了网络性能。

SDH 网络由网络设备及光纤连接而成，在不考虑网络设备具体功能的前提下，网络拓扑结构会直接影响网络的信道利用率、经济性、可靠性等。SDH 网络的基本拓扑结构包括总线拓扑结构、星形拓扑结构、树状拓扑结构、环形拓扑结构、网状拓扑结构等。

2. PTN

PTN 是以弹性的网际互联协议(Internet Protocol，IP)数据报文为最小传输单元，大小多种颗粒度业务综合统一承载并高效传输的光传输网络技术。该技术针对分组业务流量的突发性和统计复用传送要求，以数据分组交换功能为核心组件提供多种业务支持，不但增强了业务控制平面的独立性，还提高了数据流量的传输效率，拓展了网络的有效带宽，并能够实现设备与设备、设备与网络等各种不同组件之间的灵活连接和控制。PTN 具备丰富且完善的数据保护性能、时间同步性及恢复机制，并继承了 SDH 技术的操作、管理和维护机制，网管系统通过对连接信道的建立、设置和控制，实现了不同业务服务质量的区分和保证，同时提供灵活的服务级别协议(Service Level Agreement，SLA)，实现了多种业务功能支持与管理。PTN 主要具有以下特点：

（1）PTN 较大幅度地提升了网络管理能力，实现了各类业务在网管上的快速部署，并且强大的服务质量能力为不同级别的业务提供相对应的高效可靠传输服务保障。

（2）PTN 通过高精度时钟同步技术，摆脱了对全球定位系统导航卫星授时系统的依赖，消除了消息传送过程中出现的相位误差。

（3）PTN 针对部分业务传输实时性强、突发性高的特点，能够很好地监测链路状态，并按需合理分配网络带宽，其高效复用的特性在一定程度上提高了系统资源的利用率，有效降低了网络总体使用成本。

3. OTN

OTN 是以波分复用技术为基础、在光层组织网络的传送网。OTN 通过 G.872、G.709、G.798 等一系列规范的数字传送体系和光传送体系来解决多业务传送平台(Multi-Service Transport Platform，MSTP)传输颗粒小、速率低的问题，同时解决了传统波分复用网络业务调度能力差、网络交叉性能差、组网及保护能力弱等问题。OTN 处理的基本对象是波长级业务，由于结合了光域(模拟传输)和电域(数字传输)处理的优势，可以提供拥有巨大的传送容量的、完全透明的端到端连接。OTN 包括光层和电层两层架构，主要特点如下：

(1) 容量可扩展性较强，能够提供从低传输速率到高传输速率的多层交叉，并且在交叉颗粒上没有限制。

(2) OTN 定义的异步映射光通道数据单元，保证了业务的透明传输。

(3) OTN 的帧具备前向纠错码(Forward Error Correction，FEC)算法，可以带来编码增益，提高误码性能，降低光信噪比容限，从而提升了光传输的跨距。

(4) 消除全网同步限制，相对于 MSTP 采用的同步传输机制，OTN 采用异步传输机制，不需要整个网络实现同步，就可以简化传输网络的设计，进一步降低建网的成本。

OTN 技术适合大颗粒业务传输并且提供 2.5 G、10 G、40 G 等接入端口，能够延长电网业务的通信距离，增强电力通信系统运维能力，在已有设备上提高光纤复用度就能够灵活满足业务数据传输带宽增长的需求。然而，随着新型电力系统的建设和发展，骨干网承载大颗粒业务的同时，也正在面临传输业务种类愈加丰富、业务数据大小颗粒相差度增大等问题。这导致 OTN 无法高效承载小颗粒业务，也无法对多类型业务进行统一的分组承载，进而导致传输成本的增加。

分组增强型 OTN 基于统一分组交换平台，以 OTN 的多业务映射复用和大管道传送调度为基础，引入分组交换和处理功能，使得分组增强型 OTN 能够在不同的网络场景下，实现电信级分组业务的高效灵活承载。分组增强型 OTN 主要具备以下优点：

(1) 通过分组增强 OTN 实现 PTN 和 OTN 在核心层、汇聚层融合组网，实现分组业务高效承载、组网保护协调、时间同步传递、统一网管等功能性能。OTN 和 PTN 融合设备能够提升网络运维管理能力，减少设备总功耗，降低网络综合运行成本。

（2）分组增强型 OTN 既兼容了专线业务所需的 SDH 处理功能，又为不断增加的专线及专网业务提供了分组传送与汇聚功能，提供了物理隔离、大带宽、低时延、高品质专线业务的服务等级协议保障。

（3）对 IP 承载网和 OTN 实现联合组网路由规划及优化，在分组增强 OTN 的层一或层二中实现中转业务分流，可以解决核心路由器扩容及成本问题，降低核心路由器巨大的扩容、处理、复杂度、功耗等压力。

综上，分组增强型 OTN 目前主要定位于骨干传送网和城域核心层应用，随着对网络带宽、容量、差异化承载等需求的不断提升，应用场景将逐步向城域汇聚层延伸。

4. SDN

SDN 实现数据传输的硬件设备和网络控制管理软件的解耦，其提供单独的数据传输面和网络控制面，使得网络硬件可以集中式管理软件和可编程化。SDN 模型架构分为基础设施层、控制层和应用层，不同的平面实现不同的功能，平面之间通过接口相互通信交互数据。其中，数据层和控制层之间的交互通道为南向接口，控制层和应用层之间的交互通道为北向接口。SDN 模型架构三层的基本功能如下：

（1）基础设施层。主要包含支持 Openflow 协议的底层网络转发设备，主要功能是在控制层下发指令的控制下，对网络数据进行转发。区别于控制与转发一体化的传统网络设备，SDN 基础设施层网络设备不具备控制功能，控制信息都是由控制层统一下发。同时，交换机转发规则多样，相比于传统 IP 路由器能够支持更加灵活地匹配。

（2）控制层。由若干 SDN 控制器相互连接构成，通过编程的方式实现对网络路由、丢包、数据流转发的控制，并管理整个网络。控制层北向为应用层提供丰富的应用程序接口（Application Program Interface，API），使得在应用层通过编程实现网络资源和网络结构的动态调整；控制层南向为基础设施层提供标准统一的 Openflow 接口，实现控制器和网络转发设备之间的网络信息交互。SDN 控制器为控制层的主要网络设备，是 SDN 控制层的核心，实现对整个网络的管理、监控、控制等重要功能。单台 SDN 控制器无法支持大规模网络，因此常采用分布式技术构建控制器集群，由多台控制器互相协作来使得网络的可靠性、实时性、可扩展性等特点得到有效提升。

（3）应用层。主要包括各种 SDN 网络应用程序，为用户提供开放的可编程窗口。用户可以根据业务需要自定义网络程序，并通过控制层提供的 API 接口对网络进行控制。

4.2.2　集成通信技术展望

随着新型电力系统的建设，海量电力业务并发接入，需要通信网络具备强大的承载能力和坚强的网架结构，接入层具备广泛、灵活的边缘接入能力。整体来看，集成通信将向高可靠、大容量、灵活智能的方向演进。

（1）高可靠。通过大数据、深度学习等手段提升通信网故障诊断和告警预测能力，全面增强通信网络生存及业务恢复能力。利用网络信息感知、软件定义网络等技术，集成通信网将从传统分布式控制模式向集中控制架构演进，提升统一网络规划和协同控制能力，提高通信网络运维管控的可靠性与灵活性。

（2）大容量。随着视频等大带宽电力业务的快速增长，数据的采集量、采集范围大幅增加，对通信网络带宽和容量提出了更高的要求。SDH 和 10 G OTN 系统面临着资源愈发紧张的问题，集成通信将向以 100 G、超 100 G OTN 为基础的大容量、多业务接入平台演进。

（3）灵活智能。集成通信网根据电力业务对通信网络性能和服务质量的要求，可灵活选择通信方式、通信宽带、频谱资源等配置，以实现通信资源的高效利用。

4.3　安全稳定性

在"30·60"碳达峰、碳中和的背景下，未来的电力系统将会发生结构性变化，一是新能源比例越来越高，成为电力系统的主力电源；二是电力电子设备比例也越来越高，成为影响电力系统稳定性的根本因素。为了适应新型电力系统的安全稳定运行和灵活控制需求，系统安全稳定分析与控制技术也将发生根本性变化。随着输电网中高压大容量变流装备的持续推广和配用电侧电力电子技术的广泛应用,"双高"特性将更为显著,成为新一代电力系统的主要技术特征。

"双高"背景下,柔性交直流输变电与传统交流输变电有本质的区别,导致系统动态特性发生深刻的变化,带来新的稳定性问题,比如电力电子设备之间及其与电网之间相互作用引起的宽频带振荡等。由于"双高"电力系统具有非线性、时变性、异构性、不确定性和复杂性等特征,其稳定性的内在机制也发生变化,因此需要针对"双高"电力系统稳定性的新问题开展基础理论研究,构建电力系统稳定性分析的新框架,为保障系统稳定运行提供支撑。

4.3.1 传统电力系统安全稳定技术分析

电网安全分析所关注的基本问题是电网同步运行稳定性、电压稳定性以及频率稳定性。传统的电网安全分析方法主要是基于事故预想的安全分析,包括暂态稳定评估、电压稳定评估以及小干扰稳定评估,频率稳定性分析近年来也受到重点关注。另外,基于复杂网络理论的大电网连锁故障安全分析、大数据的电网安全分析以及针对网络攻击的电网信息物理系统安全分析是近年来电网安全分析方面的重要发展方向。2019 年最新修订的 GB38755《电力系统安全稳定导则》中,根据电力系统失稳的物理特性、受扰动的大小以及研究稳定问题应考虑的设备、过程和时间框架,将电力系统稳定分为功角稳定、频率稳定和电压稳定三大类以及若干子类,如图 4-1 所示。

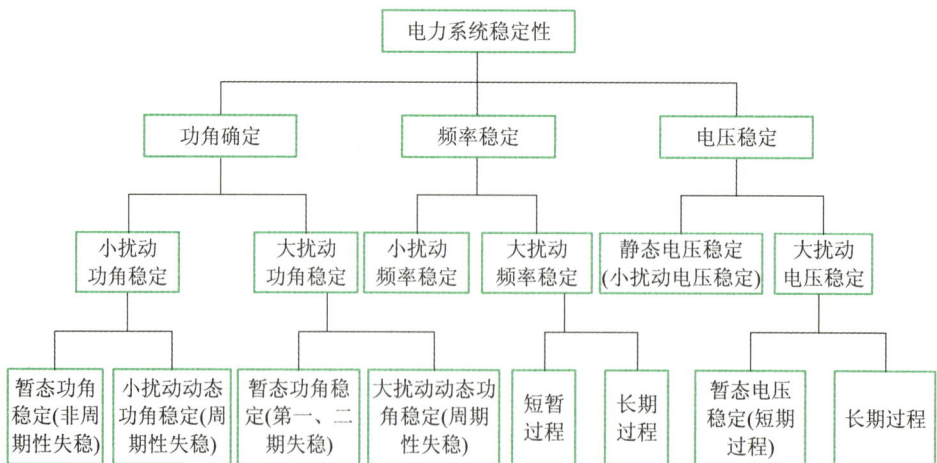

图 4-1 电力系统稳定性分类

电力系统安全稳定分析可分为以下几个方向。

1. 基于事故预想的电网安全分析

基于事故预想的电网安全分析是目前应用最多的电网安全分析方法。该方法以描述电网运行变量之间物理关系的数学模型为基础，研究预想故障发生后电网运行能否满足安全稳定要求，其评估指标主要是稳定性和稳定裕度。基于事故预想的电网安全分析主要如下：

（1）N-1 静态安全分析：基于潮流计算的方法，评估电网在给定运行方式下出现 N-1 故障后，其潮流重新分布是否满足电网运行的要求。

（2）暂态功角稳定分析：采用时域仿真的分析方法，校核给定运行方式下电网发生典型故障时，电网暂态稳定性是否满足电网安全稳定原则要求。

（3）小扰动稳定分析：采用小扰动分析方法，研究系统固有振荡模式及其阻尼特性，判断电网在给定运行方式下，维持平衡点稳定运行的能力以及稳定裕度。

（4）电压稳定分析：用于评估电网故障后，维持电网电压稳定的能力以及当前运行状态的稳定裕度，分析方法包括连续潮流法、灵敏度分析法、时域仿真分析法等。

（5）中长期稳定分析：主要用于电网发生连锁故障时，分析较长时间范围内的（数分钟到数十分钟）动态过程。近年来随着具有随机性和波动性新能源发电的接入，电网安全分析多关注时间尺度耦合的电网动态过程，提出了开展电网全过程动态仿真的需求。

基于事故预想的电网安全分析按其应用可分为离线安全计算和在线安全评估两种。离线安全计算常用于电网典型年度运行方式校核，目前已经有成熟的商业软件，如 PSS/E、BPA、PSASP、DigSilent 等。在线安全评估基于电网实时潮流的状态估计，通过预想事故集扫描评估电网运行稳定性，属于电网能量管理系统的高级应用功能，目前已经实现的包括暂态稳定评估、电压稳定评估和小扰动稳定评估，并在电网 EMS 中得到应用，面对复杂大规模交直流电网在线安全分析需求仍有很多挑战。

电网暂态安全分析的主要方法包括时域仿真分析法和直接法。时域仿真分析法即基于电网各元件动态方程采用微分方程数值计算方法。直接法的理论基础是 Lyapunov 稳定性理论，试图通过解析的方法构造 Lyapunov 函数，确定动力学系统的稳定域边界。对于高维电力系统，构建严格的 Lyapunov 函数存在极大的困难，因此有学者提出了一些近似的方法，如能量函数法以及扩展等面积法则（Extended Equal Area Criterion，EEAC），可以基于故障时段的仿真来判断系统稳定性和稳定裕度，降低了时域仿真的计算量，满足在线安全评估的实时计算要求。直接法已经被应用于在线安全评估分析软件（Dynamic Security Analysis，DSA）中。

2. 基于连锁故障风险的电网安全分析

电网大停电事故分析结果表明，由于单一电网故障而引起电网失去稳定的可能性非常小，电网大停电事故常常是由连锁故障所导致的。因此，电网安全分析的另一个重要方向是评估电网发生连锁故障的风险。复杂网络理论是用于评估电网连锁故障风险的主要方法，试图从电网结构复杂性网络特征和电网脆弱性方面对电网安全性进行评估，可用于分析电网连锁故障发生的机制和规律，评估同步电网规模的合适程度。

3. 基于大数据的电网安全分析

传统电网依赖于数据采集与监视控制系统（Supervisory Control And Data Acquisition，SCADA），从而实现对电网状态的感知，通常是基于状态估计方法的实时潮流分析以及基于故障录波的电网暂态记录。前者可用于电网在线安全分析的初始稳态运行点，后者常用于事故后分析。基于同步相量广域测量系统（Wide Area Measurement System，WAMS）技术可以实现电网节点电压的相量测量，为电网状态感知提供了更为准确的时间同步的量测数据，能够反映电网运行过程中的机电耦合作用的动态过程。近年来，学者们一直致力于研究如何从广域测量数据中提取电网动态特征，实现电网运行状态的未来趋势感知和安全分析，并在电网动态监测和在线低频振荡模式分析等方面开展了实际应用。由于仅基于数据分析，所以如何从物理机制方面认识电网动态特征仍然是一个技术难题，比如区分电网实时运行中的弱阻尼振荡模式和电网强迫振荡模式、定位强迫振荡扰动源、区分负荷动态和系统机电动态等。

人工智能方法在数据分析领域具有重要优势。近年来随着人工智能领域计算技术的进步，利用人工智能算法对电网大数据进行分析并以此评估电网安全性，是一个亟待深入研究的全新课题。

4. 基于信息物理系统的电网安全分析

现代电网的安全运行高度集成了计算机网络通信和计算机监控系统，由此构成典型的物理电力系统，与通信网络及控制网络密切耦合的，高度复杂的信息物理系统。来自通信和控制网络的故障或者恶意攻击对电网安全运行具有严重影响。乌克兰电网因为遭到网络攻击而发生电网停电事故就是典型实例，这充分说明电网安全分析需要进一步关注到信息物理系统的层面。电网信息物理系统的研究主要包括电网信息物理系统的融合建模、电网信息物理系统的分析方法以及基于信息融合的电网控制。

4.3.2　新型电力系统安全稳定新问题

近年来，电网发展过程中引入大规模新能源发电并网，基于电力电子技术的新型输电技术应用给电网安全稳定运行带来了新的问题，包括多直流馈入系统的稳定性问题、新能源大规模接入的电网稳定性问题、大量电力电子装备并网引起的复杂宽频振荡问题等，对安全分析建模提出了新的要求和挑战。

1. 多直流馈入系统的稳定性问题

近年来，国内特高压直流大量投运，多直流集中馈入负荷中心的情况广泛出现，如华东电网 10 次直流馈入、山东电网 3 次直流馈入、广东电网 5 次直流馈入等情况。多直流集中馈入系统中，多直流/交直流间的相互作用增加了系统运行特性的复杂性，且直流自身的无功特性和直流对于发电机的替代效应容易引起电压稳定方面的问题，给电网安全带来挑战。

受实际需求的驱动，在电力生产部门、科研单位、高校的共同参与下，国内开展了直流多馈入系统电压稳定方面的广泛研究，主要通过提出定性评估指标，如将多馈入短路比、分层直流馈入短路比、多馈入影响因子等对系统稳定性的影响进行定性分析，通过机电暂态仿真和混合仿真相结合的方法对系统稳定性进行定量评估。

在具体算法方面，国内学者提出了多种直流间相互作用的多馈入评价方法，并与静态电压稳定临界点进行了对比验证，其中基于阻抗阵的多馈入短路比的定义指标仍然是我国多馈入交直流系统规划、运行主要采用的评价方法。有学者推导了特高压直流分层接入系统的数学模型公式，以此为基础推导特高压直流分层接入系统逆变侧换流母线的电压稳定因子计算方法，提出了用于特高压直流分层接入方式下的受端电网静态电压稳定评价指标，可用于含分层直流的直流多馈入系统的稳定性评估。

2. 新能源大规模接入的稳定性问题

新能源接入对于系统稳定性的影响是国内近 10 年来的研究热点，科研工作者主要围绕新能源接入后传统系统功角、电压、频率稳定性的变化和新能源接入后带来的复杂宽频带振荡问题两个方面开展研究。

在功角、电压、频率稳定性的变化方面。研究表明，关于新能源应用会对功角稳定性带来积极或是消极影响并没有明确的结论，功角稳定性受到各种因素的综合影响，如风机类型及运行模式、新能源选址、渗透率、电网电压、故障类型等因素也会对功角稳定性产生影响。针对大比例风电对电网电压稳定性的影响，科研工作者从静态电压稳定与暂态电压稳定两个角度分析了新能源接入的影响，部分研究成果表明，新能源接入比例达到一定程度时，系统电压稳定性会变差，但相关结论还缺乏完整的理论和广泛的算例支撑。针对大比例风电对电网频率稳定性的影响，大量研究发现，随着风电的引入，风电的随机性及负荷波动性的双重作用给系统频率控制带来了前所未有的挑战，而且这一挑战随着风电并网单元数量的增加将会变得更加严重。电力系统的惯量对于系统的频率变化起决定性作用，惯量越小，系统频率变化速度越快，而随着风电大规模并网，部分常规发电机组被替代，造成系统惯量减小，在电网频率发生改变时，系统频率的响应能力减弱。有学者基于 Matrix Laboratory(MATLAB)的 Simulink 仿真平台搭建了含大规模风电并网运行的系统模型，并进行了频率稳定性的仿真分析，验证了风电机组惯量缺失对系统频率造成的负面影响。

在新能源接入后带来的复杂宽频带振荡问题方面，由于电力电子技术的新能源机组大规模接入电网后，局部电网中由电力电子装备引起或参与的次同步—超同步—高频振荡问题逐渐凸显。电力电子装备、传统装备、网络三者之间的交互作用得到广泛的关注。

3. 大量电力电子设备并网引起的复杂宽频振荡问题

目前，针对高压直流输电(High Voltage Diect Current，HVDC)和交流输电系统(Flexible Alternative Current Transmission Systems，FACTS)等电力

电子装备接入系统后引起的低频振荡问题已有较为成熟的研究成果，相应的控制技术也在工程中得到了应用。随着新能源发电的广泛应用，对于多电力电子装备接入较复杂电力系统的动态稳定问题，虽然针对同步发电机、电力电子装备及网络间的交互作用和控制已经开展了一些研究，但是目前的研究大多被动地受现场事故的驱动。针对固有频率振荡的稳定问题，通过将问题分解为多个"单装备参与（或两装备间）、单时间尺度"的问题，来解决特定场景下特定振荡模式的稳定问题。由此形成的稳定性分析方法大多只适用于等效的两端或三端系统，难以对实际系统中多装备接入情况下的稳定性进行判定和定量分析，提出的控制方法一般只对特定频带的振荡问题有效，不能适应多装备接入下系统振荡的宽频带和频率漂移等复杂特征。例如，新疆哈密/超同步振荡问题实质上是风电机组（直驱和双馈）、交换虚拟电路/静止同步补偿器（Switching Virtual Circuit，SVC/Static Synchronous Compensator，STATCOM）HVDC 及同步发电机组等多样化装备通过弱交流电网产生的复杂交互作用所引起的系统稳定性问题，目前的研究大多将其简化为直驱风电机组接入弱交流电网下次同步或超同步频段的控制不稳定问题，忽略了其他类型装备及其他时间尺度控制特性的影响。系统性研究的缺乏，导致振荡的机制不能得到根本性揭示，因此难以提出有效的控制方案。

4.3.3　新型电力系统安全稳定分析方法

当前的研究方法主要包括时域仿真法、复转矩系数法、阻抗法、特征结构法等。其中，时域仿真法由于无法给出具体的数学描述而难以揭示系统的稳定机制；复转矩系数法针对多机系统的次同步振荡分析缺乏严格的理论证明；电力电子领域通常采用的阻抗法在建立工频以下的装备模型时具有局限性；特征结构法在大系统分析时存在维数灾难问题，求解困难。这些方法普遍缺乏与动态过程的关键特征量之间的联系及直观的物理解释，在揭示机制及分析交互作用方面存在不足，导致所采取的稳定评估方法缺乏普适性。在新型电力系统中新能源发电占据主体地位，系统的"两高"特性更加突出，系统运行特性和稳定机制更加复杂，当前的方法和理论均存在应用局限性，因此需要开展新的稳定理论和分析方法展开研究，主要包括几个方面：

1. 新型电力系统基础理论

新型电力系统在物理特征层面具有：① 高比例可再生能源的电力系统；② 高比例电力电子装备系统；③ 多能互补的综合能源电力系统。

高比例可再生能源对电力系统的安全经济运行造成了影响，由于目前我国系统新能源接纳能力有限，所以弃风弃光现象较为严重。高比例电力电子装备对电力系统运行带来很大挑战，包括直流输电引起的电网、电压稳定性差等问题。综合能源电力系统并不能仅单纯考虑电力系统，多个能源系统之间的耦合带来体制机制和技术领域的挑战也需要引起重视。下面从三方面来阐述新型电力系统分析中的基础理论：稳态分析、故障分析和稳定性分析。

（1）稳态分析。大量的间歇式新能源接入，新能源发电功率的波动使得电网需要预留更多的旋转备用来消除不利影响。随机性的新能源可调度性差，会对电网造成冲击，降低了系统的稳定性，甚至导致电压崩溃。进行潮流计算分析时，无功不足可能会导致某些节点电压不符合要求。此外，新能源出力波动以及大量电力电子设备的接入也会大大影响电网的电能质量，产生更大的电压偏差、波动、闪变和谐波问题。

新能源的间歇性增加了电力系统运行的不确定性，研究新能源的时空分布特征和波动特性，建立新能源出力和预测误差的概率分布模型，分析新能源之间及其与常规能源之间的互补特性，能有效提高系统新能源的接纳能力，经济合理地安排系统的运行方式。针对新能源发电的不确定性，研究了一些新的优化理论和方法，包括随机优化、区间优化和鲁棒优化等，合理安排电力系统的优化调度能够有效降低新能源对系统运行的影响。

将发输电系统和配电系统独立开展潮流分析的传统计算方法，存在较大局限性。事实上，电力系统是发输配一体的全局电力系统，如何对发输配全局电力系统进行一体化分析，实现发输电和配电资源共享、整合和互补，充分发挥大电网全局控制的潜力和效益，具有重要的现实意义。然而，开展发输配一体的全局潮流分析是比较具有挑战性的。原因主要源于3个方面：其一，发输电系统和配电系统在电网结构、电网参数、潮流大小、计算模型上的特点差异很大，需要采用统一的算法进行联合潮流分析；其二，输出功率随机且间歇、具有潮流反转能力的大规模分布式电源的接入，对发输配一体的联合潮流分析提出了进一步的挑战，考虑如何衔接发输电系统和配电系统的边界节点的电压幅值、相角和有功、无功功率的不匹配问题；其三，发输配全局电力系统的计算规模极其庞大，须研究含大规模新能源的发输配全局系统的潮流快速并行计算模型。为此，已有高性能计算领域的多种并行计算技术，如多核多线程(Multi‐Core and Multi‐Threading，MC‐MT)、高性能消息传递库(Open Message Passing Interface，OpenMPI)、大数据(Big Data，BD)中分布式并行计算 MapReduce 框架和图像处理技术(Graphic Processing Unit，GPU)。

(2) 故障分析。大规模新能源的随机性和波动性会对电网中的局部故障起到推波助澜的作用，从而诱发连锁故障，进而导致电网大面积停电，甚至电网的崩溃。大规模新能源集中接入，功率的波动使得潮流分布不均，导致某些线路负载率较高，进而增大连锁故障风险。可采用直流灵敏度法和交流灵敏度法对线路潮流分布进行调整和改善，降低发生连锁故障的可能。

继电保护是保护电网安全稳定运行的第一道防线，由于电力电子装备的结构特性和传统同步机组迥异，故障特征分析又是继电保护的基础，所以研究含大规模电力电子装备的电力系统的故障分析至关重要。新能源电源的故障特征主要包括短路电流特征、等值序阻抗特征、频率偏移特性、波形及谐波特征等。新能源短路电流特征受到控制作用的影响且可以得到很好的抑制。当考虑输电线路故障分析时，需要更多关注新能源电源的等值序阻抗特征。一般来说，新能源电源的故障特征主要由控制策略决定，控制策略的变化会带来故障特征的变化。

交直流混合电网改变了自由电网功率分布规律的故障特性，需要拓展基于电路理论的功率分布与故障分析方法。交直流输电网故障分析主要包括换流设备故障分析、交流系统故障及其对直流系统的影响分析和直流系统故障及其对交流系统的影响分析。其中，研究主要集中于交流系统故障对换相失败的影响，直流系统故障对交流系统暂态稳定的影响。交直流系统连锁故障十分复杂，从实际物理过程的角度来看，可采用负荷转移和隐性故障的理论来解释交直流电网的故障传播机制，若考虑谐波和次同步振荡，将使机制的解释更加困难。复杂系统理论的连锁故障机制比较适应于交直流电网的故障分析，包括基于复杂系统理论的连锁故障模型和柔性直流电网技术，可以充分实现多种能源形式、多时间尺度、大空间跨度、多用户类型之间的互补，是未来电网的重要发展方向。目前已有的简单柔性直流系统的直流故障电流计算方法在复杂直流电网中适用性不强：一方面，广域互联的直流电网可能存在多电压等级的复杂网络结构，需要明晰故障后直流电网内的潮流转移规律与故障演化机制；另一方面，需要明确汇集能源类型、换流站控制方式以及系统运行方式对故障电流发展与传播的影响。同时考虑直流限流器、直流断路器、直流变压器等故障电流限制装置的投入以及这些装置间的协调控制策略，形成通用的复杂柔性直流电网故障电流分析方法。针对电压源换流器、直流变压器、直流断路器、直流限流器以及潮流控制器等几类直流电网限流装置，探索兼具限流功能与良好运行特性的优化拓扑结构，研究满足直流电网限流需求的控制策略。单一类型的限流设备可能难以满足直流电网限流要求，须进一步分析多类型限流装置空间优化分布方案，制定限流装置之间的动作时序配合策略。

新型的电力系统故障分析对继电保护和紧急控制提出了以下新的要求：① 减小故障对系统的冲击，进行交直流超高速保护，加快故障后切除；② 保持网架器强壮性，保护与自动装置配合，优化网架及拓扑切换策略；③ 实施安全稳定闭环控制，保持同步稳定性，减少失步解列发生；④ 避免全网大停电事故，实现自适应的失步解列与频率电压控制；⑤ 减少故障发生，发展状态预警，实现控制、保护一体化功能。

（3）稳定性分析。新型电力系统中，新能源比例的不断提高将减小系统的惯性和阻尼，系统的动态特性将发生很大变化，系统电压、频率稳定问题更为突出。为保证系统安全运行，须深入研究系统动态仿真模型及其控制方法。含高比例电力电子设备的新型电力系统的稳定性分析在时间尺度上，从传统交流系统的机电暂态尺度扩展到毫秒级电磁暂态尺度。新能源机组各子模块模型应具有多时间尺度特性，考虑动态无功支持来保证风电场的低电压穿越，研究虚拟同步机来模拟出与传统机组相似的惯量外特性。

大规模新能源并网后，改变了电网原有的线路传输功率、潮流分布以及电能质量等特性，因此，电力系统的暂态稳定性会发生变化。比如，大规模风电机组并网系统，如果地区电网较弱，风电机组在系统发生故障后无法重新建立极端电压，风电机组运行超速从而失去稳定，将会引起地区电网暂态电压稳定性破坏。大规模风电机组并网电力系统中风电机组的低电压穿越能力将会对电力系统稳定性造成较大影响。

传统基于数学模型的暂态稳定分析(如时域仿真法、扩展等面积法)是以具体的系统模型为基础,可给出由特定故障导致的同步发电机角度和其他电力系统物理量的完整描述,具有可观的计算准确度,不足是无法提供关于系统稳定裕度的具体细节和控制措施,且随着高比例可再生能源、新兴负荷接入等的影响,该类方法难以准确描述系统的特征。基于人工智能的暂态稳定分析不依赖于具体的物理模型,通过训练学习机制来提取特征量,并形成关键特征集,进而建立其与系统稳定性之间的映射关系。随着广域测量系统(Wide Area Measurement System,WAMS)在电力系统中逐渐推广,根据同步相量测量装置(Phasor Measurement Unit,PMU)可实时测得系统的运行状态数据。基于 WAMS 可从量测数据中提取特征量,同时考虑影响暂态稳定的关键物理量,建立物理—数学模型,进一步给出暂态稳定评估指标或评估手段,为实现电网暂态稳定在线监控与预警提供了良好契机。基于大数据技术的暂态稳定分析,主要从海量数据中挖掘关键信息并构建量化评估指标体系。

2. 含高比例电力电子装备电力系统的稳定性分析方法

除了传统的功角稳定、电压稳定、频率稳定,高比例电力电子设备的电磁振荡和谐波稳定对电力系统影响也越来越大。考虑到电力电子器件的分散控制特性,通过建立不同时间尺度的等值模型和辨识方法、提取主导极点、估计短路比等手段,有助于简化电力系统稳定分析。为了适应电力系统稳定传统建模的要求,电力电子学界将逆变器设计为虚拟同步电机。但是电力电子设备没有功角失稳问题,因此没必要对其引入同步电机功角稳定约束;建立调频(增加惯性和主动备用等)、调压功能,即可帮助维持电力系统稳定性;调节时间尺度,取决于电力电子设备与同步电机的可调容量大小,以及电网故障后的响应和恢复速度的要求。

针对较短时间尺度的电磁暂态稳定,需要考虑电力电子器件的离散特性和高频特性以及电力电子设备内部的能量交换过程。对于较长时间尺度的电磁暂态和机电暂态仿真,采用电力电子设备等效控制框图和传递函数,可以分析电力电子设备与外网间的能量交换及其影响。对电力电子设备进行电磁暂态分析,可采用频率响应(Bode 图、导纳/阻抗)、Nyquist 曲线、奇异摄动理论,也可尝试幅相动力学、逆轨迹、半张量积等方法。对含高比例电力电子设备电力系统的小扰动、大扰动稳定分析,仍可采用模式分析、时域仿真和能量函数方法。基于当前运行点和线性化假设的模式分析，应用于变化场景下的大范围稳定控制设计时，需要检验控制误差。传统基于功角的同调判据和基于广义哈密顿作用量的同调判据，本质上是相容的。将能量函数方法应用于含高比例电力电子设备时，需要考虑设备建模精度和系统规模以及应用对象和待解决的稳定问题。暂态轨迹灵敏度可用于优化稳定控制参数。考虑新能源出力不确定性、系统运行场景变化和故障不确定性，分散协调控制、自适应控制、模型预测控制、滑模变结构控制、模糊控制以及其他智能控制算法等，有可能由设备控制逐步拓展至含高比例电力电子设备电力系统的稳定控制。将小扰动/暂态稳定约束引入稳态优化模型，可以在稳定控制和经济运行间寻求平衡。

4.4 仿真建模技术

本节将介绍在新型电力系统建设过程中发生巨大变化的发电系统建模技术和负荷建模技术，以及辅助支撑各类设备模型变化的全电磁暂态仿真技术。另外，随着能源供给侧和能源消费侧的结构性改革，新型电力系统可实现对能源的综合利用，因此本节也简单介绍了新兴的综合能源系统仿真技术。

4.4.1 新能源发电系统建模技术

对新能源发电系统进行准确建模是进行高比例新能源电力系统安全稳定分析与控制的必备基础。新能源发电设备的单体容量小、数量多，且基于电力电子器件，拓扑结构复杂和状态变量维数巨大，因此新能源发电设备的仿真计算量大，需要在仿真精确度和仿真效率间进行统筹考虑。

通常所说的新能源发电系统建模是指用于电磁暂态或机电暂态仿真分析的时域仿真模型。近年来随着新能源发电、柔性直流输电等电力电子设备接入规模的增加，宽频振荡问题也逐渐凸显。因此，在时域仿真模型之外，该领域内的专家学者还建立了用于宽频振荡分析的传递函数模型和阻抗分析模型等新能源模型。但时域仿真模型仍是进行电力系统安全稳定分析与控制的基础模型。

　　按照建模范围，新能源发电系统的建模可分为设备级建模、场站级建模和系统级建模。设备级建模一般用于新能源设备本身的特性分析，往往基于电磁暂态仿真工具进行建模；新能源场站级建模往往用于多场站的局部区域电网仿真分析或大电网机电暂态仿真分析；新能源系统级建模往往用于大电网机电暂态仿真分析。

　　新能源发电设备级建模一般对新能源发电设备的机械侧、换流器侧和控制系统均进行详细建模。以双馈类型风电机组为例，其设备级建模一般包括变桨系统和传动系统、异步发电机、转子侧换流器及其控制系统、电网侧换流器及其控制系统。光伏发电系统一般包括光伏阵列、直流—直流转换器（DC –DC）、网侧变流器及其控制系统等几部分。

　　同一新能源场站内，新能源发电机组数量较多（可达上百台），为了保证仿真效率，可进行等值处理以降低模型规模与运算负担，或基于预设模型直接采用参数辨识法建立新能源场站级（使用数台机组等值表征上百台机组）或系统级等值模型（使用一台或少数几台机组对一个或多个新能源场站进行等值表征）。新能源机组的故障穿越策略和穿越恢复策略等对电力系统的安全稳定性有较大影响，需要进行重点模拟。目前国内以中国电力科学研究院为代表的研究机构所提出的通用模型，涵盖了场站级控制、正常运行控制、电压穿越运行控制等控制策略，运行状态细分为正常运行、电压穿越、穿越恢复、穿越失败四类，设计了运行状态判断和逻辑切换，各运行状态下预设了若干控制策略，可灵活选取和设置，具有较好的可操作性和通用性。目前在国内主流的电力系统仿真分析软件暂态稳定程序（Power System Department-Stabillity，PSD-ST）、电力系统综合稳定程序（Power System Analysis Software Package，PSASP）中，已建立了适用于大电网机电暂态仿真的双馈、全变流风电机组和光伏发电站标准化通用模型，解决了机电暂态过程中新能源机组仿真的准确性和数值稳定性问题，并在全国范围内推广应用。

4.4.2　电力系统负荷建模技术

　　电力系统电压和频率发生变化时，电力负荷从电网取用的有功功率和无功功率的变化称为负荷特性，依据这一特性建立的数学模型称为负荷模型。

　　国内外在负荷建模技术方面的进展主要集中在不同建模方法的理论方面，包括基于相关特征量的参数更新负荷预测建模，以及基于数据挖掘等方法的负荷建模技术等。国际电气电子工程学会（IEEE）负荷模型工作组于 1995 年提出了标准负荷模型。WECC 的建模和验证工作组于 2012 年开始采用新的负荷模型，其由等值配电网络、电动机负荷模型、电力电子装置及静态负荷模型构成。国内以中国电力科学研究院为代表的研究机构也提出了考虑配电网络的综合负荷模型，综合负荷模型的等值电路如图 4-2 所示。

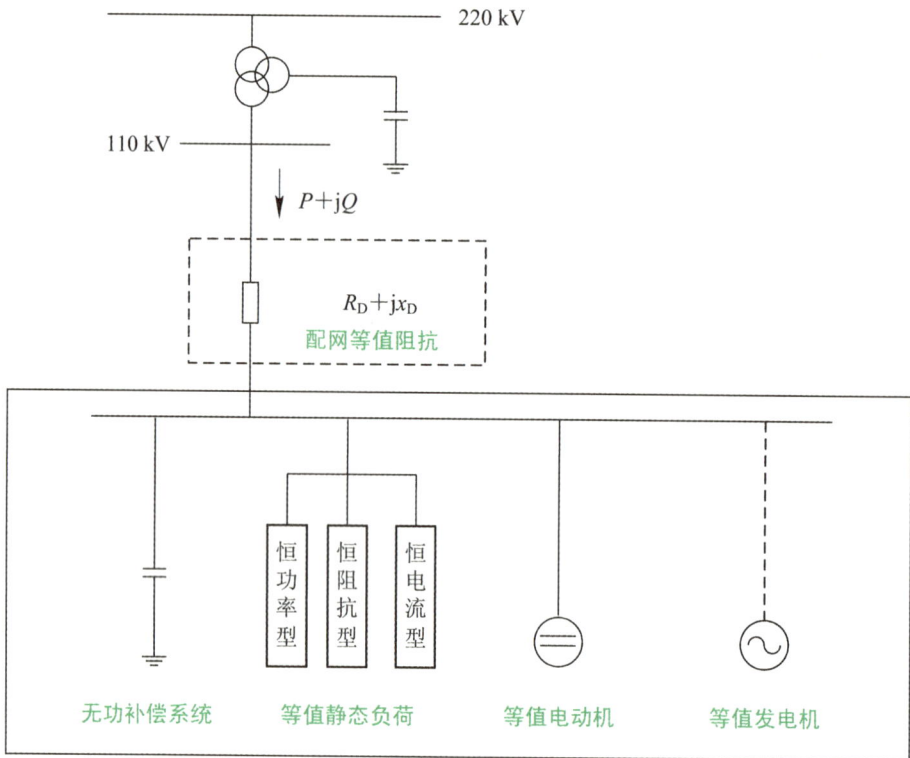

图 4-2　配电网综合负荷模型的等值电路

　　当前电网仿真中所需的负荷模型一般是主网 220 kV 变电站的 110 kV 或 220 kV 母线综合负荷模型，当分布式电源接入配电网后，其成为配电网的有机组成部分，而非严格意义上的负荷，可以将之归为广义负荷。分布式电源类型繁多，如风力发电、太阳能光伏发电、燃料电池发电、燃气轮机发电等，其发电机理不同，特性也各有差异，分布式电源大量接入中低压配电网，将成为决定配电网综合负荷特性的关键因素之一。

此外，随着"双碳"目标的提出，工业、建筑等行业的电气化程度将不断提高，伴随着电力电子技术的广泛应用，新型负荷所呈现的功率变化特性将逐渐发生变化，尤其是随着需求侧响应、可中断负荷、微电网、虚拟电厂等技术的发展，电力系统负荷特性将越来越复杂。

因此，为适应"双碳"目标下的新型电力系统建设需要，必须对负荷建模技术进行更进一步的研究和完善。

4.4.3　全电磁暂态仿真技术

在"双碳"目标下，随着新能源发电、直流输电等电力电子设备在大电网中的应用规模不断增大，对传统交流系统的结构、特性、理论基础都带来巨大影响。因此，有必要建立与之相适应的仿真体系和手段，实现对大规模交直流电网的全电磁暂态仿真。

目前，具有大规模交直流电网仿真技术的国外仿真软件主要包括实时数字仿真系统（Real Time Digital Simulation System，RTDS）、RTLAB 以及电力系统实时仿真系统（Hypersim）等。RTDS 的仿真规模受用户所购买仿真单元（Rack）的限制，以中国南方电网公司为例，其基于 RTDS 的全电磁暂态模型覆盖了南方电网 220 kV 及以上系统，规模可达到数千节点。RTLAB 的仿真规模可达 10000 个节点，近年来广泛应用于交直流混联电网的分析。Hypersim 仿真系统硬件平台近年来也被应用，其由可高达 2560 个核的计算机系统构成，可实现超过 10000 个节点的电磁暂态实时仿真。在国内，中国电力科学研究院研发了电力系统全数字仿真装置（Advanced Digital Power System Simulator，ADPSS），该装置是基于高性能计算机机群的全数字仿真系统，如图 4-3 所示。该仿真装置实现了大规模复杂交直流电力系统机电暂态和电磁暂态的实时和超实时仿真以及外接物理装置试验，可以进行 3000 台机、20000 个节点的大系统交直流电力系统机电暂态仿真以及机电—电磁暂态混合仿真研究。

全电磁暂态仿真与上述传统电磁暂态有联系也有区别，不是实现传统电磁暂态的全部仿真能力，而是基于传统电磁暂态技术实现大规模电网机电过程的仿真能力和对机电过程有较大影响的电磁过程的仿真能力。全电磁暂态仿真的关键问题是解决适用于大电网机电过程中的仿真要求，即电力电子开

图 4-3　电力系统全数字仿真装置外观图

关过程的准确性仿真以及电力电子设备与大电网的联合仿真。

面向大规模电网进行全电磁暂态仿真，需要考虑到电磁暂态技术特点、机电暂态技术特点、大规模电网仿真的现状等多种因素。由于全电磁暂态面向大规模电网考虑大量电力电子设备的机电过程准确仿真需求，技术路线需要从宏观和微观两个角度考虑：在宏观层面应基于机电暂态仿真的技术思路，微观层面应采用电磁暂态仿真思路，在机电暂态整体思路的基础之上实现具体的电磁暂态仿真技术，达到两者的有机结合。

全电磁暂态的研究和开发是一个比较新的、具有较高难度和计算量的尝试，需要长期开展研究并不断完善。未来中国电网将成为世界上最复杂、规模最大的交直流混联大电网，随着大量新能源发电、灵活交流输电技术、分布式电源技术的发展，电网特征、运行特性都将发生重大变化，对电网建模及仿真技术都提出了新的要求。未来提高仿真准确度主要聚焦在提高大规模电网高精度、高效率仿真技术和自动建模技术上，同时在核电、风电、光伏大规模接入条件下的源网协调动态特性和模型，新型负荷模型等方面做研究。

4.4.4　综合能源系统仿真技术

综合能源系统是指一定区域内利用先进的物理信息技术和创新管理模式，整合区域内风、光、天然气、电能、热能等多种能源，实现多种异质能源子系统之间的协调规划、优化运行，在满足系统内多元化用能需求的同时，提升能源利用效率,促进能源可持续发展的新型一体化能源系统建设。典型的综合能源系统结构如图 4-4 所示。随着波动性可再生能源大规模开发利用,综合能源系统(含分布式能源、储能等)新型用能设备大量接入,电力系统与综合能源系统的联系程度更加紧密,对系统安全性、经济性、灵活性等均产生影响,需要研发综合能源系统仿真技术,为能源系统的规划设计、运行分析等提供工具。

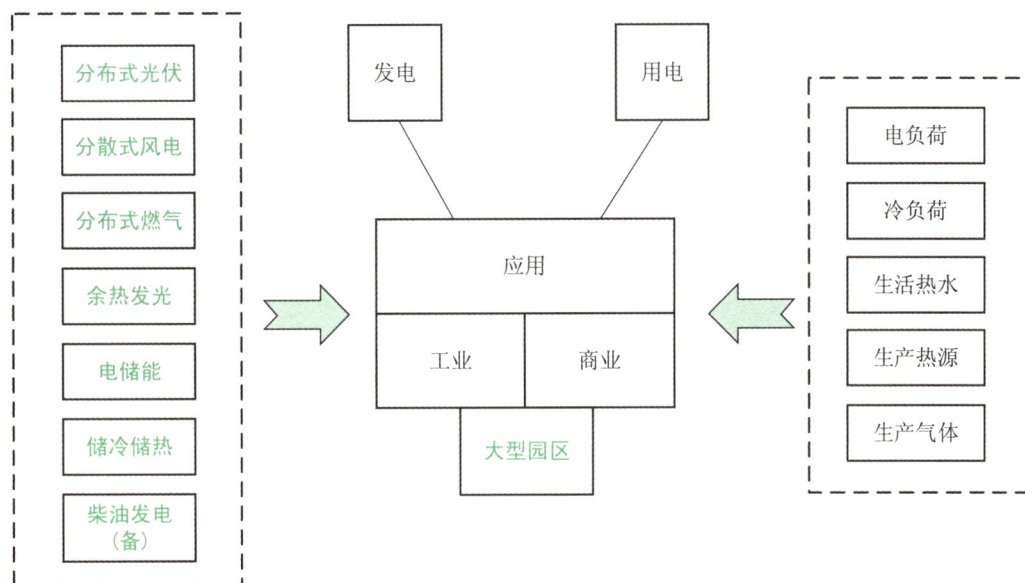

图 4-4　综合能源系统结构

综合能源系统的仿真建模需要考虑多种能源和用能单元的协同,涉及类别多样的电气设备、热力设备、燃气设备以及多类型的量测与控制装置,不同类型设备具有不同的时间尺度动态特性,还需要考虑不同能源子系统中不同能源形式之间的耦合。

目前国内外对综合能源系统的仿真技术进行了初步研究,已有一定成果。瑞士苏黎世联邦理工学院提出了能量枢纽(Energy Hub,EH)模型,简洁地描述了电、热、冷、天然气等多种相互耦合的供能网络之间的转化关系,在综合能源系统的研究中发挥了较大作用。也有学者对区域综合能源系统进行了稳态建模,构建了能反映不同时间尺度设备动态特性的综合能源仿真模型,描述系统的能源转换、储存、输送、消耗等环节,使用能量曲线图和数学模型做理论推导,表征和分析多种能源协同运行的耦合特性。综上所述,综合能源系统仿真技术距离规模化应用还有较大完善空间。

◀◀ 4.5 高效储能技术

4.5.1 电化学储能技术

1. 总体概述

在已有的储能形式中，抽水蓄能是综合效益最好的储能形式。然而，抽水蓄能由于投资成本大和地理因素受限，不适合在缺水、地势平坦、应用场景空间较小的地区建设，因此以电化学储能为代表的新型储能形式得到迅速发展。截至 2020 年年底，我国电化学储能累计装机规模为 3.27 GW，占我国储能装机规模的 9.2%，同比增长 91.2%。电化学储能成为仅次于抽水蓄能的第二大储能形式，并处于高速发展阶段，已成为构建新型电力系统不可或缺的灵活性资源。

电化学储能是指通过发生可逆的化学反应来储存或者释放电能量，其特点是能量密度大、转换效率高、建设周期短、站址适应性强等。电化学储能器件包括锂离子电池、固态电池、钠离子电池、水系电池和液流电池。锂离子电池具有储能密度高、储能效率高、自放电小、适应性强、循环寿命长等优点。目前，电化学储能技术水平不断提高、市场模式日渐成熟、应用规模快速扩大，锂离子电池正在成为大规模储能系统应用和示范的主要形式，其能够保障可再生能源的大规模应用，提高常规电力系统效率和稳定性，驱动电动汽车等终端用电技术的发展，建立"安全、经济、高效、低碳、共享"的能源、体系。

2. 发展现状

电力系统与储能系统的携手并进，将全面支撑"双碳"目标的实现。储能技术特别是电化学储能技术可广泛接入电力系统发、输、配、用四大环节，助力于有更强新能源消纳能力的新型电力系统的实现。大容量、高功率的电化学储能技术已逐步进入示范阶段。目前，国内首个兆瓦级的电化学储能示范项目已在大连完成主体工程建设，功率/容量已达 200 kW/800 kW·h，也是全球最大的锂电池储能项目。具备高响应速度，为电力系统提供辅助服务的储能电站也陆续进入了实际运行。恒益电厂 20 kW/10 kW·h 电化学储能辅助调频项目已正式投运，极大地提高了火电机组调频能力。电化学储能材料制备、系统集成、管理技术等方面已有了一定进步，在发电侧、用户侧、电网侧也开展了各类技术示范应用，拓宽了储能的应用场景。但是，在关键系统设计和核心材料制造上依然任重而道远，还需加大投入进行进一步研究。

1）锂离子电池

（1）材料体系优化改进。材料体系优化改进是指开发新型锂离子电池正极、负极、电解质及隔膜材料，进一步提升电池的循环寿命、能量密度及安全性，同时降低电池成本。产业界主要集中于开发高镍正极、硅碳负极锂离子电池，可显著提升能量密度，降低成本；使用不可燃的固态电解质代替液态电解质生产的固态锂电池，循环寿命及安全性均显著优于常规锂电池，是未来锂电池领域的重要布局方向。

（2）电池结构改进与集成优化。电池结构改进与集成优化是指通过合理设计将电池内部关键材料、电芯、电池保护板、电池辅料、电池连接件等进行合理布局，在有限空间内布置更多电量，并提高电池的安全可靠性。主要优化方向包括：通过布置叠片工艺来提高单体电芯的能量密度和安全性；使用大容量、高电压电芯及模组、大功率储能变流器（Power Conversion System，PCS）提高成本优势；采用电池簇直流零并联或高压级联方式，减少容量损失，提高一致性；采用电池集成技术（Cell To Pack，CTP）或刀片电池等方式减少或替代模组，以提升电池组体积利用率，从而提升系统能量密度。

（3）管理方案优化改进。管理方案优化改进是指通过优化电池管理系统、集装箱设计、消防控制等方法，提升电池安全性、系统可靠性，同时控制电池成本。如通过完善电池管理系统功能实现对模组甚至单体电芯的精细化管控，提升复杂的协议处理能力与快速响应能力；通过电池管理系统与新型消防系统联动，提升系统安全性；通过液冷系统、集装箱内风道设计改进等先进热管理技术，降低模块最高温度及内部温差，减缓电芯性能衰减，提升系统安全性及使用寿命。

2）固态电池

（1）固体电解质的结构设计与性能优化。固态电池的核心是固态电解质。固态电解质一般分为聚合物和无机物两类，其中无机物又分为氧化物固态电解质和硫化物固态电解质。聚合物固态电解质易加工，与电极界面稳定，阻抗较低，但是室温离子电导率低；无机物固态电解质的室温离子电导率远高于聚合物电解质，但是与电极的界面电阻较大。固态电解质的结构设计与性能优化是针对各种固体电解质所存在的问题，通过不同电解质的复合及结构设计来解决界面接触不良的问题，是复合固态电解质的发展方向。

（2）电极材料开发及界面优化。为了发挥固态电池高安全长寿命的优势，需开发相匹配的正负极复合材料，并通过界面修饰进一步提高界面稳定性。例如采用磁控溅射、原子沉积、原位固化、界面润湿等技术构建负极电解质界面修饰层，解决循环过程中因体积效应而产生的界面接触失效、锂枝晶生长等问题，实现稳定兼容的电解质/电极界面。电极与电解质的界面工程调控水平是全固态电池发展的关键，对实现固态电池本质安全应用具有重要意义。

3）钠离子电池

（1）正负极材料优化改进。正负极材料优化改性技术是指通过正负极材料的掺杂、包覆等改性手段对其进行优化改性，需要重点突破正负极材料的能量密度提升技术与循环寿命延长技术，探究稳定材料结构及充放电过程的机制，并通过工艺优化改进降低钠离子电池的生产成本。该技术能显著提升钠离子电池的应用竞争力，成为锂离子电池的有效替代品，在未来有望成为构建新型电力系统的关键材料，是保障国家能源安全的重要组成部分。

（2）AB电池混合集成。AB电池混合集成是指钠离子电池与锂离子电池集成混合共用的技术，需要解决突破不同电池的搭配比例与搭配方式问题、模组结构设计问题以及精准均衡控制问题。该技术既弥补了钠离子电池技术在现阶段的能量密度短板，也发挥出了它高功率、低温性能的优势，锂—钠电池系统能适配更多应用场景。

4）水系电池

（1）负极材料体系优化。水系电池负极材料体系优化是指选择合适的电极负极材料体系，通过活性炭掺杂、碳包覆等技术提升电池负极材料工作条件下的稳定性，从而提高电池的循环性能。工作环境下，电池负极材料被氧化，是造成水系离子电池容量衰减的主要原因。

（2）水系电解质电化学窗口调控。水的理论分解电压为 1.23 V，受此限制，一般水系电池的电化学窗口在 0~2 V，狭窄的充放电电压范围限制了水系电池的工作电压和能量输出。水系电解质电化学窗口调控的核心是通过控制电池体系热力学因素拓宽水系电解质的电化学窗口，例如降低自由水分子及其动力学特性、形成保护膜、使用高浓度电解质构筑多重氢键网络结构等，以此提升电池电压、能量密度与循环寿命。

（3）电池单体结构设计。电池单体结构设计是指对电池壳体、正负电极及隔膜组成的极组和电解液等进行统筹设计。水系电池单体结构设计需要解决电池结构尺寸设计与厚电极、集流体的匹配等内部结构问题，从而控制电池的单体容量。此外，电池结构设计还需要实现单体的自定位安装和固定，提高电池空间利用率，降低生产成本，使后期维护容易，提高电池的一致性。

5）液流电池

（1）全国产化关键材料研发。液流电池关键材料包括电极、双极板、隔膜及电解质溶液，其材料性能决定了电池的综合性能。需重点突破高机械强度双极板的导电性及导热率调控机制、质子（离子）传导隔膜的孔径结构及连续性调控机制、高浓度电解液稳定性调控机制等关键技术。通过攻关卡脖子技术，实现关键材料全国产化，在保证电池性能的前提下降低液流电池的成本。

（2）高功率电堆设计制造。电堆由数节或数十节单体电池按压滤机方式叠合组装而成，其结构设计及制造工艺直接影响液流电池储能系统的性能和成本。需重点开展高功率密度电堆内部的流场、电解液浓度、电场、电流密度、极化等分布特性的影响因素和调控机制的研究，突破多物理场耦合作用机制及均匀化调控技术以及电堆的全密封结构设计、规模化和连续化制造等技术。通过电堆结构设计创新，减小电堆的内阻，进一步提高电堆的工作电流密度；同时优化高功率密度电堆集成方法和组装工艺，提高电堆的一致性和可靠性。

（3）高可靠系统模块集成。制造集成组合式电池储能系统模块，开发高效电池管理系统，优化系统控制策略是当前推进液流电池技术产业化所面临的挑战。需重点突破液流电池储能系统模块的设计与集成、高效液流电池的智能控制与模块化耦合、液流电池储能系统成套装备开发等关键技术。通过技术创新、系统集成化和规模放大进一步降低产品成本，从而推进液流电池产业化应用。

6）液态金属电池

（1）运行温度低温化。过高的电池运行温度会带来电池配件的腐蚀、封装等技术难题，从而影响电池寿命。须重点突破新型低温液态金属电池电极/电解质的设计与优化、多重界面反应传递机制及稳定液/液界面构建等关键技术，建立新型低温液态金属电池的基本结构参数。运行温度低温化可有效缓解因高温而引发的一系列技术问题。

（2）长寿命及规模化成组。液态金属电池的高温运行环境对电池高温密封绝缘材料提出了高要求，同时，成组技术也是规模化应用的关键环节。需要重点突破长效高温密封绝缘关键材料及电池封装、液态金属电池失效机制分析及服役特性调控策略、大容量液态、金属电池成组及应用等关键技术。攻克长寿命及规模化成组技术是液态金属电池真正实现产业化推广的必由之路。

3. 典型工程实践

2018 年，河南电网 100 MW 电池储能首批示范工程在洛阳黄龙站首套集装箱电池储能单元首次并网成功，成为国内首个并网的电网侧分布式电池储能电站项目，标志着分布式电池储能在电网侧应用方面迈出关键一步。国网河南省电力公司与平高集团合作，选择郑州、洛阳、信阳等 9 个地市的 16 座变电站，采用"分布式布置、模块化设计、单元化接入、集中式调控"的技术方案，建设规模为 100.8 MW/125.8 MW·h，共计 84 个电池集装箱。这些建设的 100 MW 电网侧分布式电池储能工程，按每个家庭同时开 5000 W 电器计算，可满足 2 万个家庭同时用电 1 小时。河南电网 100 MW 电池储能示范工程可以提供毫秒级的响应时间，为河南省特高压交直流故障提供快速功率支援，同时也丰富了电网调峰调频、大气污染防治手段，提高能源利用的综合效益。

4. 发展趋势

2021 年 3 月 1 日，国家发改委、国家能源局发布的《关于推进电力源网荷储一体化和多能互补发展的指导意见》中，提出探索构建源网荷储高度融合的新型电力系统发展路径。2021 年 7 月 23 日，国家发改委、国家能源局发布的《关于加快推动新型储能发展的指导意见》中，提出到 2025 年实现新型储能将从商业化初期向规模化发展转变，从而使得新型储能技术创新能力显著提高，核心技术装备自主可控水平大幅提升，在高安全、低成本、高可靠、长寿命等方面取得长足进步，标准体系基本完善，产业体系日趋完备，市场环境和商业模式基本成熟，装机规模达到 3000 万千瓦以上。

围绕国家政策规划设计，电化学储能技术发展要重点围绕以下战略布局：加强重大装备自主可控，推动短板技术攻关，加快实现核心技术自主化；加强政府及行业部门顶层设计，加大政策支持力度，明确储能主体地位；加速构建电化学储能全产业链技术标准体系，推动完善新型储能检测和认证；依托大数据、人工智能、区块链等技术，结合体制机制综合创新，探索智慧能源、虚拟电厂等多种商业模式，提升行业信息化管理水平。

4.5.2　机械与电磁储能技术

1. 总体概述

机械与电磁储能是指将电能转换为机械能或者电磁能来存储，在需要使用时再重新转换为电能，其储能方式主要包括压缩空气储能、飞轮储能、超级电容储能、超导电磁储能。压缩空气储能采用压缩空气作为储能介质，是一种可规模化应用的能源载体，单机装机功率一般为数十兆瓦至数百兆瓦。飞轮储能是电能通过变流器控制电机驱动飞轮高速旋转，将电能转换为机械能来实现能量存储，在需要能量释放时利用飞轮惯性拖动电机发电，将飞轮存储的机械能转换为电能输出的一种物理储能方式。超级电容储能以超级电容器为能源载体，将电能转变为双电层或快速法拉第反应存储，其中超级电容器是一种功率型能源的存储转换装置，具有大功率、长寿命、安全可靠和对温度差异不敏感等优点。超导电磁储能是利用超导线制成的线圈，将电网供电励磁产生的磁场能量储存起来，在需要时再将储存的能量送回电网。

2. 发展现状

在抽水蓄能和电化学储能之外，具有独特特性的机械以及电磁储能技术也得到了广泛的关注与发展，为电力系统的低碳转型提供了强有力的帮助。新型机械储能的代表—压缩空气储能技术，它兼具大容量、长寿命、清洁低碳及安全稳定的优良特性，是电网级储能的最优选择之一。先进压缩空气储能技术已完成了试验示范并即将进入商业化运行，江苏金坛 60 MW/300 MW·

h 盐穴压缩空气储能国家示范电站已实现并网发电，解决了盐穴储气、高效换热、大流量、高压比压缩机设计等多项工程技术难题，并极大地提升了设备国产化率。此外，液态空气储能、复合压缩空气储能技术研发也在有条不紊地推进中。飞轮储能和电磁储能也能快速响应小容量储能技术，广泛适用于对电能质量有较高需求的场合。现阶段，与飞轮储能相关的材料、轴承、电力电子技术不断进步，但是在复合材料制备、磁悬浮轴承以及新型电机等方面，我国还尚未掌握核心技术。适用于电磁储能的高温超导技术以及超级电容材料技术亦急需继续研发。

1）飞轮储能

针对以新能源主导的新型电力系统频率稳定性和供电可靠性面临的严峻挑战，新型电力系统面临惯性调节和快速调频稳定的基础性重大战略需求。因此，需要大力发展高频次、快响应、安全绿色、长寿命的大容量高速惯性飞轮储能技术，提升当前关键指标，开拓新型电力系统高频次、高动态、大容量惯性储能稳定科学新领域，发展和健全飞轮储能电力系统惯性助稳技术体系，其基本技术主要包括 4 个研究方向：① 大规模飞轮储能惯性调节、调频稳定与优化调度技术；② 飞轮储能关键装备技术与工程；③ 规模化飞轮储能阵列集群协同控制理论与能量管理技术；④ 大规模飞轮储能惯性调节、调频稳定与优化调度及工程应用。通过技术攻关、技术集成落地、产品化、工程示范和大规模的推广应用，达到以新能源为主导的新型电力系统惯性调节和调频稳定战略需求提供有效可靠的技术支撑，从而消除发展新型电力系统的重大频率稳定风险，构建新型电力系统惯性飞轮储能调频稳定理论，提升大容量高速惯性飞轮储能技术至国际先进水平，推进完善产业化、产业链以及行业至国际标准体系，释放产业社会经济效益。

2）气体压缩储能

新型非补燃压缩空气储能技术具有储能容量大、技术可靠、运行寿命长等技术优势，有潜力成为构建新型电力系统的关键性技术支撑。然而，其发展时间较短，技术体系相对单薄、实践经验相对匮乏。为解决上述问题，满足构建新型电力系统对大容量、长周期、长寿命、零碳排和高能效新型储能技术的需求，应着力发展以下 3 个技术方向。

（1）应用基础方向：重点部署压缩空气储能系统全能流建模仿真技术，

解决新型电力系统中气—热—机—电耦合的多物理系统、跨时间尺度建模难题，为新型非补燃压缩空气储能系统优化设计和运行特性分析提供有效仿真工具。

（2）前沿技术方向：重点部署高参数、宽工况、长寿命的压缩空气储能装备设计技术，解决面向大规模波动性风光电力消纳的高温宽工况空气压缩机、大温差长寿命蓄换热器和变负荷空气动力膨胀机的设计难题，提升关键设备国产化设计生产水平和抗频繁启停交变损伤能力，改善关键设备的宽工况运行能力和全系统运行特性。

（3）产业共性技术方向：重点部署含压缩空气储能的"源网荷储一体化"技术，解决新型电力系统中风光电源、电网、多种负荷和压缩空气储能电站的协同控制和调度难题，改善风光电源、并网特性，提升全电力系统灵活运行水平和综合运行效益。

3）超级电容器储能技术

超级电容器储能技术发展的主要方向是在保证长寿命、高安全和高可靠性的前提下，提高超级电容的能量密度和功率密度，降低超级电容的成本。未来几年，着力发展以下 4 个方面。

（1）低成本高性能炭材料。炭材料是超级电容器核心的关键原材料，开发出高比表面、高电压、低内阻炭材料，能够显著降低生产成本，实现炭材料国产化率大幅度提升是超级电容器行业技术发展的主要趋势。

（2）宽温区、高电压、高电导率的电解液技术。在寒冷的北方，使用主动力电源、汽车低温冷启动、冶金行业和数据中心的高温处理，都需要超级电容器具有较宽的工作温度范围。另外，还需要高电导率电解液保证高功率密度，针对双电层电容器还需提高电解液的工作电压，来提升产品的能量密度。因此，宽温区、高电压、高电导率的电解液开发迫在眉睫。

（3）先进的电极制造工艺。干电极制造工艺，不使用溶剂，可降低成本；简化工艺，可制备厚电极，从而提升产品的能量密度。因此，开发具有自主知识产权的干电极生产工艺及设备尤为重要，从而打破国外垄断格局。

（4）高比能量、高功率混合电容器技术。制备高比能量、高功率和高低温性能优异的新型储能电极材料，开发高离子传导性隔膜，保证低内阻集流体，使其在保持超级电容高比功率、长寿命和快速充电特性的同时大幅提高比能量，是超级电容器行业追求的目标。

4）高温超导储能

高温超导储能技术发展的主要方向是探索系统新型设计原理，突破 2.5 MW/5 MJ 以上的高温超导储能磁体设计技术，并实现大型高温超导储能装置示范运营。其技术发展主要包括以下 3 个方面。

（1）装置层面——模块化。

现代电力系统的容量越来越大，网络结构也越来越复杂，单台超导电磁储能系统在进行系统稳定控制时存在一定的局限性，而模块化超导电磁储能具有布置灵活、可靠性高、便于扩展等优点。模块化超导电磁储能技术包括模块化储能磁体的电磁热力综合优化设计、大容量模块化变流器与协调控制技术、超导电磁储能模块化集成和保护技术。

（2）应用层面——多元复合储能技术。

在应用层面，通过超导电磁储能与其他储能装置组合，构成多元复合储能系统，以充分发挥储能装置各自的优势。超导电磁储能与蓄电池分别用双向 DC/DC 斩波器与网侧 DC/AC 变流器直流母线相连。具有快速补偿能力的超导电磁储能承担瞬态或持续时间较短的动态功率补偿，而具有大容量储能的蓄电池可承担时间尺度较长的功率补偿和能量调节任务。

（3）控制层面状态评估。

超导电磁储能的功率输出能力与变流器拓扑结构、参数及超导磁体电流密切相关。基于超导储能装置（Superconducor Magnetics Energy Storage，SMES）状态评估，明确超导电磁储能功率输出特性对磁体热稳定性的影响，能够根据磁体温度在线评估超导电磁储能的最大可输出功率，提高超导电磁储能在系统中应用的安全性，并最大化利用超导电磁储能。

3. 典型工程实践

2021 年，江苏金坛盐穴压缩空气储能国家试验示范项目并网试验成功，压力超过 100 个大气压的空气从地下千米深处的盐穴奔涌而出，驱动世界最大的空气透平做功，向国家电网发出我国首个大型压缩空气储能电站的"第一度电"。世界首个非补燃压缩空气储能电站并网试验成功，标志着我国新型储能技术的研发和应用取得重大突破。该项目依托清华大学非补燃压缩空气储能技术，研发了高负荷离心压缩机、高参数换热器、大型空气透平等核心设备，实现了主装备完全国产化，立项压缩空气储能首个国家标准、首个电力行业标准以及 3 个团体标准，逐步形成中国压缩空气储能标准体系。

4. 发展趋势

按照碳中和战略目标，2035 年新能源装机容量要占到国家整个发电机组容量的 20%。相比传统火电机组，新能源具有典型的波动性和随机性特征，新能源发电机组欠缺惯量支撑和短时高频次一次和二次调频能力等问题，将严重威胁电网频率稳定和安全运行，这是新型电力系统面临的重大战略需求。我国政府高度重视机械与电磁储能技术的发展，将飞轮储能、压缩空气储能、超级电容储能、电磁储能技术创新作为重点任务：① 发展兆瓦级百兆焦级高速飞轮储能单机，建立 10 MW 级飞轮储能试验基地，开展 10～100 MW 级飞轮储能工程示范；② 加快压缩空气储能产业链的形成和完善，到 2035 年将形成依托地下盐穴、地下废弃矿洞形成大型压缩空气储能集群，并以单独储能电站或小型储能电站集群的形式在集中风光场站推广应用，新增装机容量有望突破 1000 MW/4000 MW·h；③ 研发能量密度 70 W·h/kg、最大功率密度 30 W/kg 的长循环寿命超级电容器单体技术，研究 100 MW 级超级电容器储能系统集成关键技术，重点推动超级电容器在短时低频规模储能、新能源汽车和智能联网汽车的应用；④ 研究新型超导材料，降低超导电磁储能的生产成本，对用于产生超导态低温条件的冷却装置等关键设备实现国产化，突破 2.5 MW/5 MJ 以上高温超导储能磁体设计技术，开发大型高温超导储能装置及挂网示范运行。

4.5.3　相变储能技术

1. 总体概述

相变储能技术包括相变储热技术和储冷技术，具有低成本、大容量和长寿命等优点。储热技术是利用固体、液体或者相变储热材料作为储热介质，通过各种能量与热能的相互转化，实现能量的储存和管理。储热可分为显热储热、相变储热和热化学储热。储冷技术主要指利用储冷介质的显热或潜热将冷量存储，在需要时进行释放，满足用冷需求的技术。储冷技术，特别是大规模储冷技术具备消纳可再生能源富余电力和电网低谷电力的能力。相变储能技术是新型电力系统的创新技术，可实现常规电力削峰填谷、系统调频，从而提高电力系统效率、安全性和经济性；实现可再生能源发电大规模接入，有效改善能源结构，解决弃风、弃光等问题，目前已成为各国竞相发展的战略性新兴产业方向。

2. 发展现状

在储热储冷技术方面，日本于 2000 年年初在传统冰球和盘管冰蓄冷技术基础上提出了流态化冰浆技术，并迅速开展了技术验证和产业化示范，将冰蓄冷技术的系统效率和负荷响应性能提升到了新高度，取得了良好效果。然而，现有的冰浆技术为了保障系统的稳定性，在制冷剂循环和水循环之间增加了载冷剂循环，这不但增加了换热损失，而且载冷剂循环泵的能耗也进一步降低了系统能效。因此，更加高效和稳定的冰浆制取技术成为国际研究的前沿和热点。国内蓄热方面开发出了系列低成本、低熔点、高分解温度硝酸熔盐，在光热发电供热以及电供热等领域进行了示范应用但温度限于 600 ℃以下。

国内也进行了高温混合氯化和碳酸熔盐的研发，但氯化盐腐蚀严重，碳酸熔盐含有碳酸锂，成本较高。因此，低成本、低腐蚀、超高温熔盐和高温高效换热器等是关键"卡脖子"技术。储冷方面，国内学者攻克过冷水稳定换热技术、高效促晶技术、冰晶防传播技术等系列关键技术，在冰浆制备和大容量蓄冷应用领域成为国际重要的技术力量。但需要进一步优化系统流程，大幅度提升冰浆系统的能效和规模，为实现我国的蓄冷技术大规模应用提供技术支撑。可见，尽管目前我国储热储冷技术已取得了一定进展，但还存在一些问题亟待攻克。

1) 储热技术

(1) 高温熔盐储热材料与装置的研发：即开发 600～800℃系列高温熔融盐传热储热材料；研究储能材料微结构与宏观输运过程的量化规律，探索储能材料结构—组成—热物性—传蓄热性能多尺度多物理现象间的关系，建立材料基础热力学和动力学数据库；高温熔盐储热设备研发，如高温吸热器、熔盐泵、储罐、换热器等；复合高温熔盐储能系统流程优化和集成技术。

(2) 低成本储热传热一体化装置的研发：指不同温度段高密度储热材料的研发；模块式储热装置的储热传热性能提升技术；模块式储热装置的集成优化与动态调控。

（3）电加热高温熔盐蓄热的冷热电联供储能调峰电站的关键技术研发与集成示范：即开发低成本高温传热蓄热混合熔盐材料的配方优选、性能提升与批量制备技术；大容量电加热大温差高温熔盐换热器的强化传热、设计优化与制造技术；大容量高电压熔盐电加热器的设计优化与制造技术、大容量高温蓄热罐的设计制造与地基处理技术；长轴高温熔盐泵的设计制造技术；大温差熔盐—水/蒸汽换热器的设计制造技术；大容量熔盐蓄热系统的设计、优化与运行调控技术；熔盐的熔化与填充技术。高温熔盐蓄热的冷热电联供储能调峰电站设计优化与集成技术；电站的动态仿真、在线监测与运行调控策略；电站的冷热电匹配优化、一体化能量管理与调度技术；大容量熔盐蓄热电站技术的长期运行考核和试验验证。

（4）集成储热的分布式太阳能热电联供关键技术研发与示范：即研究开发适合分布式太阳能热电联供的储热材料和储热装置，并进行储热装置、太阳能集热装置、动力装置、热电比的优化匹配；研究分布式太阳能热电联供系统的动态特性和运行调控策略，进行分布式太阳能热电联供系统的集成与示范。

2）储冷技术

（1）冰浆蓄冷技术。冰浆不仅是良好的储冷介质，也是优异的高密度冷量输送介质，已在中央空调蓄冷、区域供冷、快速预冷及果蔬保鲜等领域都有成功应用案例。因此，应大力推广冰浆储冷技术的发展，重点加强动态冰浆蓄冷技术研发，展开多种高效的动态冰浆制取技术研究，攻克过冷水制取冰浆系统不稳定性技术难题，着力优化系统配置，提高冰浆制取系统的能效。

（2）区域供冷技术。区域供冷是构建储冷体系的主要任务和关键环节，要攻克区域供冷的技术难关，发展区域供冷结合技术与跨季节蓄冷技术、废弃冷量回收有机结合，大力发展区域供冷先行示范工程，加大区域供冷的规模建设工作，加快冷量流动交换过程的信息化管理，加强区域供冷行业标准化建设，推进区域供冷与冷链网络的接驳建设，统筹协调区域供冷与区域供暖的发展。

（3）储冷与大规模储能结合。以大电网为核心，利用电网对能量产生和使用的解耦特性，将储冷技术联合其他储能技术，如液态空气储能技术、热泵储能技术和超导飞轮储能等技术等，充分利用不同储能技术之间的优势，提高整个能量体系的能效。

（4）多温区低成本高能量密度储冷材料开发和应用。提高储冷材料能量密度可以大幅降低储冷介质的需求质量，提升储冷的适用范围。开展各温区的新型高能量密度储冷材料的技术研发，开发纯物质相变材料、均相混合相变材料、纳米添加剂与复合相变材料、可泵送胶囊相变材料和浆态相变材料等，掌握关键制备技术以及关键部件设计制造技术，形成可行的多温区高能量密度储冷材料的实际方案和技术路线。

3. 典型工程实践

江苏同里区域能源互联网示范区建成了世界首个高温相变光热发电系统，系统由碟式光热发电机组和储热系统组成，碟式光热发电系统负责收集太阳能发电，剩余热量储存于高温相变储热系统中，在示范区供热、无光照情况下带动汽轮发电。一方面，该工程充分利用太阳能资源，提升能源综合利用效率；另一方面，该工程增加了储热系统，改善光热电站输出电能的连续性和稳定性，实现友好并网。根据负荷变化，可灵活释放热能储备，实现调峰。通过构建多能互济互补、综合利用体系，以微网路由器为核心的交直流混合能源网络，示范区已实现100％的清洁能源消纳。

4. 发展趋势

储热技术要攻克复合储热材料的制备与性能关联提升机理、大容量储热装置的可靠性设计与安全运行、新型储热单元与装置内部的流动、传热传质、相变和反应动力学复杂行为、耦合优化及其性能调控等关键科学技术问题。研发分解温度大于710℃的系列储热材料和100 MW·h的超高温储热装置并进行示范；建立大型熔盐高温储热罐的设计制造及性能检测规范和超高温换热器设计规范；研发50～600℃的系列显热和相变储热材料和1 MW·h的储热传热一体化装置；研发系列低成本、高密度、稳定性好的化学储热材料及装置；开展配备超高温储热高参数太阳能热发电，高温储热火电厂调峰、电储热发电、高温储热间歇工业余热使用、集成储热的综合能源、系统的技术攻关、示范和推广应用，构建以可再生能源为主体的新型电力系统。

储冷技术要构建"制冷储冷输冷用冷"的综合能源网络子体系。要协调多目标规划，加快区域集中供冷供暖建设，加快规模化建设，加强信息化管理程度，提升系统能效，提高新储冷材料的开发能力和应用水平。注重多温区、低成本、高能量密度的储冷介质材料开发，从显热储冷到相变储冷材料领域加大研发力度，加强难点痛点问题技术攻关，掌握关键制备技术和关键部件设计方案，注重推进新储冷材料的产业化发展，提高商业化水平。

第 5 章 光伏建筑一体化

5.1 光伏建筑概述

5.1.1 光伏建筑的概念和发展概况

光伏建筑是利用太阳能发电的一种新形式，通过将太阳能电池安装在建筑的围护结构外表面或直接取代外围护结构来提供电力，是太阳能光伏系统与现代建筑的完美结合。

光伏地面系统最初只用于偏僻无电网地区，如游牧地区、孤岛等。直到20 世纪 80 年代末 90 年代初，光伏地面系统逐渐流行，开始应用于一些独立用户、联网用户和商业建筑中。1991 年，世界能源组织（Internation Energy Ayercy，IEA）提出了光伏建筑的具体概念，意味着光伏发电开始进入在城市规模应用的阶段。20 世纪 90 年代后半期，常规能源的日益枯竭、人类环境意识的日益增强和逐步完善的法规政策，促进了光伏产业进入了快速发展时期。一些发达国家都将光伏建筑作为重点项目积极推进。例如实施和推广太阳能屋顶计划，比较著名的有德国的"十万屋顶计划"、美国的"百万屋顶计划"以及日本的新阳光规划等。

我国光伏建筑的开发与应用取得了很大的发展。在"九五"期间，我国在深圳和北京分别成功建成了 170 kW 和 7 kW 的光伏发电屋顶，实现了并网发电。在"十五"和"十一五"期间，北京、上海、武汉、广州和深圳等地相继建成了多个光伏建筑一体化工程，如北京火车南站、北京首都博物馆、武汉日新科技有限公司厂区、深圳国际花卉博览园、上海市崇明区太阳能光伏电站、青岛火车站、广州凤凰城高档别墅、海南三亚瑞亚国际公寓等。目前，香港地区已建成的光伏建筑一体化系统的安装容量接近 2 MW，这些系统分别坐落于香港理工大学校园、多个特区政府示范工程、竹篙湾消防站和警察分局、机电工程署、圣保罗小学、马湾仔小学和尖沙咀商业区环保大厦等地区。

5.1.2　光伏建筑的基本要求

　　光伏器件用作建材必须具备坚固耐用、保温隔热、防水防潮等特点。此外，还要考虑安全性能、外观和施工简便等因素。下面结合光伏建筑的特殊性，对用作建材的光伏器件进行分析。

1. 建筑对光伏组件的力学要求

　　光伏组件用作建筑的外围护结构，为满足建筑的安全性需要，其必须具备一定的抗风压和抗冲击能力，这些光伏组件的力学性能要求通常要高于普通的光伏组件。例如光伏幕墙组件，除了要满足普通光伏组件的性能要求外，还要满足幕墙的实验要求和建筑物安全性能要求。

2. 光伏建筑物的美学要求

　　不同类型的光伏组件在外观上有很大差别，如单晶组件为均一的蓝色；而多晶组件由于晶粒取向不同，看上去带有纹理；非晶组件则为棕色，有透明和不透明两种。此外，组件尺寸和边框（如明框和隐框、金属边框和木质、塑料边框等）也各有不同，这些都会在视觉上给人以不同的效果。与建筑集成的光伏阵列的比例与尺度必须与建筑整体的比例和尺度相吻合，达到视觉上的协调，与建筑风格一致。如能将光伏组件很好地融入建筑，不仅能丰富建筑设计，还能增加建筑物的美感，提升建筑物的品位。

3. 光伏组件的电学性能要求

　　在设计光伏建筑时，要考虑光伏组件本身的电压、电流是否适合光伏系统的设备选型。比如，在光伏外墙设计中，为了达到一定的艺术效果，建筑物的立面会由大小形状不一的几何图形构成，这样就会造成各组件间的电压、电流不匹配，最终影响系统的整体性能。此时需要对建筑物的立面进行调整分隔，使光伏组件接近标准组件的电学性能。

4. 光伏组件对通风的要求

不同材料的太阳能电池对温度的敏感程度不同，目前市场上使用最多的仍是晶体硅太阳能电池，而晶体硅太阳能电池的效率会随着温度的升高而降低。因此如果有条件应采用通风降温。相较于晶体硅太阳能电池，温度对非晶硅太阳能电池效率的影响较弱，对于通风的要求可降低。就拿用于幕墙系统的光伏组件而言，目前市场上已经出现了各种不同类型的通风光伏幕墙组件，如自然通风式光伏幕墙、机械通风式光伏幕墙、混合式通风幕墙等。它们具有通风换气、隔热隔声、节能环保等优点，改善了光伏建筑一体化组件的散热情况，降低了电池片温度以及组件的效率损失。

5. 建筑物对隔热、隔声的要求

普通光伏组件的厚度一般只有 4 mm，隔热、隔声效果差。普通光伏组件如果不做任何处理就直接被用作玻璃幕墙，不仅会增加建筑的冷负荷或热负荷，还不能满足隔声的要求。这时可以将普通光伏组件做成中空的 Low-E 玻璃形式。由于中间有空气层，既能够隔热又能隔声，起到双重作用。此外，大部分光伏玻璃幕墙都有额外的保温层设计，如使用岩棉或聚苯乙烯做保温层等。

6. 建筑对光伏组件表面反光的性能要求

有别于前述的建筑美学要求，建筑对光伏组件具有特殊的颜色要求。当光伏组件作为南立面的幕墙或天窗时，考虑到电池板的反光而造成光污染的现象，对太阳能电池的颜色和反光性提出要求。对于晶体硅太阳能电池，可以采用绒面的办法将其表面变成黑色，或在蒸镀减反射膜时，通过调节减反射膜的成分结构等来改变太阳能电池表面的颜色。此外，通过改变组件的封装材料也可以改变太阳能电池的反光性能，如封装材料布纹超白钢化玻璃和光面超白钢化玻璃的光学性能就不同。

7. 建筑物对光伏组件的采光要求

光伏组件用于窗户、天窗时，须具有一定的透光性。选择透明玻璃作为衬底和封装材料时，所使用的非晶硅太阳能电池呈茶色透明状，透光性好且投影均匀柔和。但对于本身不透光的晶体硅太阳能电池，只能将组件用双层玻璃封装，通过调整电池片之间的空隙或在电池片上穿孔来调整透光量。

8. 光伏组件的安装与维护要求

由于与建筑相结合，光伏组件的安装比普通组件的安装难度更大、要求更高。一般会将光伏组件做成方便安装和拆卸的单元式结构，以提高安装精度。此外，考虑到太阳能电池的使用寿命可达 $20\sim30$ 年，在设计中要考虑到使用过程中的维修和扩容，在保证系统的局部维修方便的同时，不影响整个系统的正常运行。

9. 光伏组件的使用寿命要求

光伏组件由于种种原因不能达到与建筑相同的使用寿命，所以研究各种材料尽量延长光伏组件的寿命十分重要，例如光伏组件的封装材料。如使用乙烯-醋酸乙烯共聚物(Ethylene Vinyl Acetate Copdmer，EVA)材料，其使用寿命不超过 50 年。而聚乙烯醇缩丁醛(Polyvinyl Butyral，PVB)膜具有透明、耐热、耐寒、耐湿、机械强度高、黏结性能好等特性，并已经成功地应用于制作建筑用夹层玻璃。光伏建筑一体化(Building Integrated PV，BIPV)组件如能采用 PVB 代替 EVA 能有效延长使用寿命。我国关于玻璃幕墙的规范也明确提出了"应用 PVB"的规定。但目前，掌握这一技术的厂商并不多，还有很多技术上的难题有待解决。

5.1.3　光伏建筑一体化的优势

BIPV 是一种将太阳能发电产品集成到建筑上的技术。"十四五"时期，国家鼓励发展光伏产业和绿色建筑，光伏建筑一体化将迎来发展新机遇。我国为实现"双碳"目标，积极推动包括建筑光伏在内的绿色产业发展。自"十四五"开始，国家推出了包括"整县推进"在内的一系列分布式光伏建设政策。同时，近十年来光伏组件价格的大幅下降，减少了建筑光伏建设的成本，在国家政策与市场价格的双重驱动下，建筑光伏市场前景可期。2021 年中国光伏建筑一体化装机容量为 709 MW，同比增长 6.2%。预计 2025 年，我国光伏建筑一体化装机量在分布式光伏中的渗透率将由 2021 年 4.9% 增至 2025 年 74.5%。

1. 能够满足建筑美学和采光要求

对于建筑物来说光线就是它的灵魂，一个建筑物的成功与否，关键一点就是建筑物的外观效果。普通光伏组件的接线盒一般粘在电池板背面，因接线盒较大，很容易破坏建筑物的整体协调感。BIPV 建筑中要求将接线盒省去或隐藏起来，需要将旁路二极管和连接线隐藏在幕墙结构中，这样既可防阳光直射和雨水侵蚀，又不会影响建筑物的外观效果，达到与建筑物的完美结合。BIPV 建筑是采用向光面超白钢化玻璃制作的双面玻璃组件，能够通过调整电池片的排布或采用穿孔硅电池片来达到特定的透光率，即使是在大楼的观光处也能满足光线通透的要求。光伏组件透光率越大，电池片的排布就越稀，其发电功率也会越小。

2. 建筑的安全性能高

BIPV 组件不仅需要满足光伏组件的性能要求，同时要满足建筑物安全性能要求，因此需要采用比普通组件更高的力学性能和不同的结构方式。对于不同的地点、不同的楼层高度，不同的安装方式，对它的玻璃力学性能要求就可能是完全不同的。BIPV 建筑中使用的双玻璃光伏组件是由两片钢化玻璃，中间用 PVB 胶片复合太阳能电池片组成复合层，电池片之间由导线串并联汇集到引线端所形成的整体构件。组件中间的 PVB 胶片有良好的黏结性、韧性和弹性，具有吸收冲击的作用，可防止冲击物穿透，即使玻璃破损，碎片也会牢牢黏附在 PVB 胶片上，不会脱落伤人，从而使产生的伤害可能减少到最低程度，提高建筑物的安全性能。

3. 建筑节约能源

有效利用建筑外围表面（屋顶和墙面），可以省去支撑结构，节省土地资源，进行原地发电使用，节约送电网投资和减少损耗；避免墙面温度和屋顶温度过高，改善室内环境，降低空调负荷。BIPV 建筑是光伏组件与玻璃幕墙的紧密结合。构件式幕墙施工手段灵活，主体结构适应能力强，工艺成熟，单元式幕墙在工厂内加工制作，易实现工业化生产，降低人工费用，控制单元质量，从而缩短施工周期。双层通风幕墙系统具有通风换气、隔热隔声、节能环保等优点，并能够改善 BIPV 组件的散热情况，降低电池温度，减少组件的效率损失，降低热量向室内的传递。简单来说，BIPV 建筑就是用 BIPV 光伏组件取代普通钢化玻璃，既是建筑材料又是供电系统。

4. 光伏组件寿命长

普通光伏组件封装用的胶一般为 EVA。由于 EVA 的抗老化性能不强、使用寿命达不到 50 年，所以它不能与建筑同寿命，而且 EVA 容易发黄，将会影响建筑的美观和系统的发电量。而 PVB 膜具有透明、耐热、耐寒、耐湿、机械强度高等特性，并在建筑用夹层玻璃的制作应用中较为成熟。国内玻璃幕墙规范也明确提出"应用 PVB"的规定。BIPV 光伏组件采用 PVB 代替 EVA 制作能达到更长的使用寿命。此外，在 BIPV 系统中，选用光伏专用电线（双层交联聚乙烯浸锡铜线），选用偏大的电线直径，选用性能优异的连接器等设备，都能延长 BIPV 光伏系统的使用寿命。

5.2　光伏系统的类型

光伏系统可分为独立系统、并网系统和混合系统。根据应用形式进行分类，光伏系统可分为以下四种类型。

1. 隔离光伏系统

隔离光伏系统一般用于电网接入复杂的地方，因为安装光伏系统比在普通电网中铺设线路更容易、更便宜。其主要目标是满足这些偏远地区的全部或部分电力需求。如果它还依赖于另一个发电系统，如风力涡轮机或发电机组，则称为混合安装。对于在没有太阳的情况下，电池的储存能量至关重要。在没有电池的情况下，能量就会被立即消耗，而不可能储存。构成这些隔离系统的元件有：光伏面板、电池和调节器。

2. 并网光伏系统

并网光伏系统就是太阳能光伏发电系统与常规电网相连，共同承担供电任务。当有太阳时，逆变器将光伏系统所发的直流电逆变成正弦交流电，产生的交流电可以直接供给交流负载，然后将剩余的电能输入电网，或者直接将产生的全部电能并入电网。在没有太阳时，负载用电全部由电网供给。

由于并网光伏系统直接将电能输入电网，所以蓄电池完全被光伏并网系统中的电网所取代，可以充分利用光伏阵列所发的电力，从而减少能量损耗，降低系统成本。但是，系统中需要专用的并网逆变器，以保证输出的电力满足电网对电压、频率等性能指标的要求。逆变器同时控制光伏阵列的最大功率点跟踪，控制并网电流的波形和功率，使其向电网传送的功率和光伏阵列所发出的最大功率电能相平衡。这种系统通常能够并行使用市电和太阳能光伏系统作为本地交流负载的电源，降低了整个系统的负载断电率。

3. BIPV 系统

BIPV 全称为 Building Integrated Photovoltaics，即建筑一体化光伏技术，是将太阳能电池板集成到建筑外立面、屋顶等部位的一种建筑集成型光伏电站系统。组成该系统的设备或装置模块如下：

（1）光伏模块。这些模块或光伏电池设计用于产生能量以满足负载所需。

（2）逆变器。它是一种功率电子设备，将太阳能板发出的直流电转换为交流电，并根据负载类型使其适应所需条件。

（3）总配电盘或公共耦合点。它是主配电室所在的储物柜，以及电气系统保护装置所在的储物柜，可以保证人员和安装设备的安全。

（4）双向电能表，用来记录外部电网消耗的能量和由 BIPV 输送到外部互联系统的能量的测量设备。

（5）电力负荷，由所有需要电力才能运行的电器组成。

（6）外部电网，是由电网运营商向最终用户提供的能源系统。

4. 分布式发电(DG)系统

近年来，由于小规模发电技术的进步、电力市场的自由化和重新树立的生态意识，电力部门对分布式发电(Distributed Generation，DG)表现出了更多的关注。DG 可用于小规模电能的发电和储存，距离负荷中心最近，可以选择通过互联系统购买或出售电力。

DG 是提供电力服务的一种重要替代方案，因为它可以在短期、中期和长期内提高供电的可靠性和安全性。就哥伦比亚的具体情况而言，人们认为 DG 在其国家发展计划中得到了推广，由于其优越的地理位置，因此使得它有多种资源来实施清洁技术(生物质、太阳能、风能和地热能)。为确保非互联区的高效能源供应，DG 已经在小范围内得到使用。

分布式发电的许多优点和缺点直接关系到电力系统的运行、稳定性、一致性和可靠性。在电力系统中，已经创建了新的业务，可以集成集中式和分布式发电资源，以更低的价格获得更多的资源。

DG 系统的优势包括：降低输电线路的损耗，满足高峰价格期间需求的低成本电源，改善电能质量（电压波形、频率、电压稳定性、无功电源和功率因数校正），具有高可靠性电源，不会中断电力供应的敏感用户，可实现系统备份发电，从而避免输电和配电网的大量投资。另一方面，与 DG 系统相关的负面影响是：对配电网运行和维护的影响，以及连续和瞬态下的电压调节，造成对配电系统保护有效性的降低。此外，DG 在功率质量方面有明显不足，如容易出现谐波、闪烁、瞬态浪涌、铁磁谐振、功率因数及电压分布恶化、系统衰减减少和线路超载等新问题。

5.3　BIPV 系统设计

本节介绍了 BIPV 系统的设计原理、设计尺寸、监控系统，以及监测和评估 BIPV 系统的技术性能和电能质量的方法。

许多国家正在使用 BIPV 系统作为传统发电的补充。其应用范围从过去 25 年偏远地区的小规模发电到安装具有大规模光伏发电能力的集中式电站，并且，这项技术已经从偏远地区的应用过渡到城市一级的住宅使用。

在 BIPV 系统中，通过逆变器与电网互连，将光伏系统的直流输出与公用事业电网互连的逆变器用于构建一个电子并联控制系统，该系统将 BIPV 产生的信号与电网同步，即使在几个 BIPV 系统并联的情况下也是如此。逆变器还包括一个最大功率点跟踪电路，无论连接的负载类型如何，该电路都可以使光伏发电机输出最大可能的功率。

逆变器的效率取决于提供的负载功率，当提供给负载的功率等于逆变器的标称功率时，最大效率可达 95%；然而，如果它提供的功率低于额定功率，其效率仅有 75%。在集中式 BIPV 系统中，逆变器输出端的交流电压通过变压器升高，随后，通过配电网输送给用户。太平洋天然气和电力公司（Pacific Gas and Electric，PG&E）的开创性工作表明，使用集中式光伏发电可以有效解决互联电网关键点的过载和电能质量问题。这在发展中国家最为普遍，因为在这些国家，电力需求往往超过发电能力，在盛夏尤为突出。

在 BIPV 系统中，光伏组件被放置在建筑物的屋顶，并互连到本地配电网。在用电需求超过光伏发电时，BIPV 系统可以从电网获取电力，在光伏发电超过需求时向电网供电。最近，政府对光伏系统住宅实施了补贴政策，使得利用 BIPV 系统来进行光伏发电有所增长。

5.3.1 BIPV 系统的设计原理

建筑光伏一体化系统的设计主要可分为光伏系统设计和建筑系统设计两个方面。光伏系统设计要结合现场的具体场景，匹配用电侧的用电要求，基于项目地点的太阳能资源、温度等环境因素，计算出合适的太阳能组件方阵，匹配相应设备容量，达到整体系统的经济性和合理性。建筑系统的设计则是将 BIPV 系统结构作为建筑结构的一部分来设计，使其满足使用性能的要求，进而还需要满足结构稳定、经济、美观的要求。

1. 光伏系统设计原理

太阳能并网发电系统的设计过程包括用户用电量的计算、确定所需太阳能电池的容量、确定太阳能电池的安装场地面积、判断太阳能电池安装的可行性等。其中关键的过程是分析现场的环境资源情况、匹配用电量需求和平衡系统。

系统总的设计原则是在达到发电量最大化的前提下，确定经济性最高的系统组合。系统配置的设计主要考虑两种因素：

（1）分析用电量需求、环境资源和主要设备选型。

（2）用专业仿真软件进行模拟仿真，并比对校核。输入数据主要包括(不限于)：

- 安装地点的日照辐射；
- 方阵倾斜面的日照辐射；
- 环境温度参数；
- 系统电压-负荷能量需求；
- 控制器调节特性与参数；
- 太阳能光伏电池组件的特征参数；
- 系统供电可靠性和供电电源可用率。

用计算机仿真方法计算出结果参数，主要有：

- 太阳能电池方阵的倾斜角和方位角；
- 太阳能光伏电池组件的数量。

2. 太阳能发电系统设计步骤

（1）列出基本数据。

- 地理资料，主要有地址、经纬度、海拔等。
- 当地的气象资料，主要有逐月平均太阳总辐射量，直接辐射及散射量，年平均气温及最高、最低气温，连续阴雨天情况、最大风速及冰雪等特殊气候情况。一般选取过去 20 年内的累计气象数据。

（2）计算日辐射量和方阵倾斜角。气象站一般只提供水平面辐射总量、直接辐射量及散射辐射量，需要结合项目的倾角折算成倾斜面上的太阳辐射量。

（3）估算太阳能电池方阵。利用历年逐月平均水平面上太阳直接辐射及散射辐射量折算出逐月辐射总量，然后计算全年平均日太阳辐射总量以及太阳能电池方阵发电量。

（4）确定太阳能电池方阵功率容量。根据太阳能光伏方阵的电流、电压及功率数据，参照主机设备的性能参数，选取合适的设备型号及数量。

3. 建筑结构系统的设计

建筑光伏一体化系统可安装在工业厂房屋顶替换原有的围护结构，为厂房屋顶增加发电功能，按照产品结构的不同将主流产品分为建筑物太阳能光伏夹层玻璃型、一体化构件型、导水支架型和金属背板型。

（1）建筑物太阳能光伏夹层玻璃型。建筑物太阳能光伏夹层玻璃型产品是将太阳能电池和一层或多层玻璃层集合为一体，由上下两层玻璃将太阳能电池进行封装，并通过内部热熔性胶膜将玻璃与太阳能电池联结，是能单独提供直流输出的最小发电单元。具体可以根据太阳能电池片与玻璃的结合方式分为层压到带有夹层的玻璃板上和直接安装在多层玻璃单元的空腔中两种形式。

面板材料使用的是双层玻璃，玻璃的型号、尺寸及相关参数可以根据建筑要求进行个性化设计，可以是普通钢化玻璃、超白钢化玻璃、低辐射玻璃、着色玻璃等原片的复合，也可以选取以基本单元复合成性能更好的单层中空、加胶真空玻璃型。中间层封装材料宜选用聚乙烯醇缩丁醛（Polyvinyl Butyral，

PVB)，PVB主要由树脂、增塑剂和其他材料组成，具有透明、耐热、耐寒、耐湿、高机械强度等特点，并具有同建筑物的50年使用寿命。

建筑物太阳能光伏夹层玻璃受太阳能和玻璃双重产品的影响，容易引起热致玻璃破碎或热板效应，需要制造企业、施工企业特别注意。

凭借较好的透光性和成熟的应用经验，建筑物太阳能光伏夹层玻璃多用作采光顶、采光窗、建筑幕墙等，市场技术最成熟、应用最广，规范也相对较多。

（2）晶硅光伏与压型钢板一体化构件型。晶硅光伏组件与屋面压型钢板一体化构件型主要包括晶体硅太阳能发电组件、压型钢板以及两者的连接部件，简称构件式建筑光伏一体化系统。在结构上可作为一个完整的整体并在受到外部载荷时仍可保持结构连接特性，可作为独立应用的最小电力单元。

该系统核心的光伏屋面自上而下依次是檩条、保温棉、防水透气膜、可滑移支座、压型钢板和光伏组件，兼容常规工业厂房的檩条暗藏型和露明型保温系统及安装方式。

光伏组件选用2 mm的钢化玻璃、正面EVA膜、高效单晶Perc电池片、聚烯烃弹性体（POE）封装绝缘胶膜和钢化玻璃组成，光伏组件为尺寸为2089 mm×698 mm×5 mm（单块面积约为1.464 m²），正面可承受载荷5400 MPa以上的冲击力，同时外力导致的电池变形幅度更低，组件支撑结构由过去传统的四点式支撑改变为每隔30 cm的跨距提供条状支撑，使得组件受力更加均衡，大幅度降低使用过程由于外界受力导致的组件隐裂，实现系统发电量的可靠保证。

金属屋面系统选用厚度为0.6 mm的镀铝锌钢板通长版型，也就是屋脊到屋檐采用通长的整块钢板（最长可做到单板105 m），无须搭接，可有效降低因搭接缝导致的漏水风险。压型钢板纵向搭接采用360°直立锁边技术，保证钢板之间连接可靠不漏水；另外锁边间隙也采用了丁基胶填充，可以有效防止毛细现象导致的渗漏。

（3）导水支架型。导水支架建筑光伏一体化系统主要包括横向和纵向的导水槽、常规太阳能组件、固定压块、胶条、收边等部分，达到了建筑物防渗漏、抗沉降、防伸缩的基本要求，同时能抵抗较高的风荷载和雪荷载，具备较好的采光性能和通风性能，还能保温隔热且防震防水，在后期阶段容易进行运行维护。

屋面导水功能主要依靠组件表面自然排水,小部分水在气压差的作用下流到下面的排水槽,再通过横向 U 型防水槽和纵向 W 型导水槽垂直交叉的导水槽排出。组件横向接触的短边采用压块固定,组件纵向接触的长边采用 T 型胶条固定,导水槽同时可起到固定太阳能组件的功能。导水槽采用三元乙丙橡胶(Ethylene Propylene Diene Monomer,EPDM)胶垫缝隙阻水,适配漩涡通风器、屋脊气楼、电动气窗等多种通风采光系统。

(4)金属背板型。金属背板型建筑光伏一体化系统是太阳能组件背板采用镀锌铝合金背板,组成锁扣结构,替代或覆盖屋顶的安装方式。其中,太阳能组件正面采用钢化玻璃,拥有 3600 Pa 的正面静态载荷,中间复合光伏发电层,构成不燃性复合材料架构,外部尺寸为 2100 mm×1400 mm。

综上所述,现行业内适用于工业厂房屋顶类的建筑光伏一体化系统主要分为建筑物太阳能光伏夹层玻璃型、一体化构件型、导水支架型和金属背板型四类,随着技术进步,各类产品均有已建成的案例供研究。对比各类产品的结构特点和性能参数,可发现一体化构件型建筑光伏一体化产品具备良好的建材性能,有明确的防火、防水、保温、抗风揭的特性,表面采用无边框设计,更方便运维,不易积灰,同时光伏部分使用并且采用先进的高效单晶电池片,发电效率高,系统稳定性较强,可适用于工商业厂房替代原有屋顶结构,达到可靠稳定、提高能源效率等作用。

5.3.2　BIPV 系统的设计和开发基础

BIPV 系统是近年来发展最快的光伏太阳能应用。这些系统已经在许多国家的复杂城市中大规模集成,一切都表明这种趋势在未来仍将存在。

典型 BIPV 系统的设计考虑了以下功能块:

光伏发电机:由串联和并联互连的光伏模块阵列组成,其配置取决于负载类型和所用逆变器的特性。用于 BIPV 系统的光伏发电机安装在房屋的屋顶上,配电和控制面板位于房屋内部,将其变成分布式或嵌入式发电源。

逆变器:由逆变桥、控制逻辑和滤波电路组成,可以将直流电能转变为交流电。

跟踪装置:用来调节太阳能电池板组件的倾斜角,使电池板最大程度地接收太阳的辐射。

蓄能装置：在阳光充足的条件下，用来储存光伏发电站所产生的电能。在阳光不充足或者没有阳光的时候，利用存储的电能继续为电网中的负载提供电力能源。

监控系统：用于监测、控制光伏发电站运行情况以及周围的环境条件。在发电站工作异常的时候，能够及时向监控中心提供信息。

为了确定 BIPV 系统的规模，有必要在负载消耗的年平均电能和 BIPV 系统产生的年平均电力之间取得平衡。能源消耗的年平均值相对容易确定，因为电力公司会统计此类数据。但光伏发电的年平均值很难精确计算，因为这需要安装现场的全球太阳辐射的年平均数，这很难精确确定，它取决于气候、地理和天文因素。此外，年平均光伏发电量的计算受到与所选逆变器的功率和特性相关的损耗因素以及其他因素的强烈影响，如遮阳水平、光伏组件阵列的方向和倾斜度、灰尘和维护。

对于完整的 BIPV 系统，I - V 和 P - V 特性的测量按照与模块所述相同的程序进行。然而，这些测量是在直接太阳辐射下进行的，并非像模块那样使用太阳模拟器。此外，光伏发电机的高电流可避免通过焦耳效应进行功率耗散。

BIPV 系统的大小可以通过一个模型实现，其中的能量平衡通过能量守恒原理实现：

$$E_{FV} + E_{ER} = E_{VR} + E_C \tag{5.1}$$

式中：E_{FV} 是光伏系统产生的能量，E_C 是建筑负荷消耗的能量，E_{ER} 是从电网中提取用以供应消耗的能量，E_{VR} 为从消耗中获得剩余输出到电网的能量。

式(5.1)适用于任何时间间隔；但其间隔之后它将对应于一个年度的时间段。将式(5.1)相对于 E_C 变量进行归一化，提供了对建筑特定消耗量进行独立分析的优势：

$$\frac{E_{FV}}{E_C} + \frac{E_{ER}}{E_C} = \frac{E_{VR}}{E_C} + 1 \tag{5.2}$$

式(5.2)可以写成无量纲变量 x 和 y 的函数：

$$x = \frac{E_{FV}}{E_C}$$

$$y(x) = 1 - \frac{E_{ER}(x)}{E_C}$$

所以

$$y = x - \frac{E_{VR}(x)}{E_C}$$

变量 x 和 y 表示光伏系统的相对容量(相对于消耗,它能够产生多少)和消耗的直接覆盖范围(消耗的多少来自光伏系统,因此不与电网交换)。

变量 x 可以通过计算光伏系统(PVS)产生的能量来确定,该光伏系统既知道光伏发电机和逆变器的特性,也知道太阳辐射和地理与天文影响的相关损失因子。变量 y 是通过研究 BIPV 系统的一般行为来确定的。

影响光伏发电机产生的能量的损耗因素如下:

1. 辐照因子(I_F)

辐照因子(Irradiation Factor,IF)被定义为入射到安装有方位和倾斜度 (α, β) 的光伏发电机上的太阳辐射相对于最佳方位和倾斜角($\alpha = 0°$, $\beta_{opt.}$)的比值。其中,α(方位角)是从模块表面法线到该地子午线的水平面上的投影之间的角度,β 是形成模块表面与水平面的倾角。最佳倾斜角度 $\beta_{opt.}$ 可以通过测量光伏发电机安装位置的纬度 ϕ 并且借助式(5.3)来计算:

$$\beta_{opt.} = 3.7 + 0.69 \times \phi \tag{5.3}$$

给定方向和倾斜度的 F_I 辐照因子可以使用式(5.4)确定:

$$F_I = 1 - (1.2 \times 10^{-4}(\beta - \beta_{opt.})^2 + 3.5 \times 10^{-5}\alpha^2) \ \forall \ 15° < \beta < 90° \tag{5.4}$$

$$F_I = 1 - (1.2 \times 10^{-4}(\beta - \beta_{opt.})^2) \ \forall \ \beta < 15°$$

2. 遮阳系数(S_F)

遮阳系数被定义为在完全没有阴影的情况下太阳辐射照射到发生器上的百分比。对于没有障碍物且位于赤道上或赤道附近的光伏发电机,近似遮阳系数为 8%,即 $S_F = 0.92$。

3. 入射角修正系数(I_{AMF})

入射角修正系数决定了在偏离理想位置的地点发生的太阳辐射的额外损失,由式(5.5)确定的:

$$I_{AMF} = m_1 \times (\beta - \beta_{opt.})^2 + m_2 \times (\beta - \beta_{opt.}) + m_3 \tag{5.5}$$

其中,

$$m_j = m_{j1} \times |\alpha|^2 + m_{j2} \times |\alpha| + m_{j3}; \ j = 1, 2, 3$$

4. 全球系统性能因数（G_{SPR}）

全球系统性能因数确定与所选逆变器的能量效率相关联的损耗。可以通过如下表达式计算：

$$G_{SPR} = T_F \times \eta_{EI} \tag{5.6}$$

其中，η_{EI} 是逆变器的能量效率，T_F 是表示纬度相关温度损失的温度因子。这些因素可以通过式（5.7）和式（5.8）来确定。

$$\eta_{EI} = \frac{P_{output}}{P_{input}} = \frac{P_{output}}{P_{output} + losses} = \frac{p_0}{p_0 + (k_0 + k_1 \cdot p_0 + k_2 \cdot p_0^2)} \tag{5.7}$$

其中：$p_0 = \dfrac{P_{output}}{P_{maxoutput}}$ 是输出功率相对于其最大值的归一化处理，并且

$$T_F = 1 - 0.065\sqrt{1 - \left(\frac{\phi - 25^\circ}{30}\right)} \tag{5.8}$$

k_0 表示自耗损耗（输出变压器、控制和操作设备、仪表和指示器等的损耗），它会影响效率，尤其是当逆变器在低负载因数水平下运行时，一个好的逆变器的特点是自耗损耗低于 1%；k_1 表示工作功率（二极管、开关器件等）的线性相关损耗；k_2 表示二次依赖于工作功率（电缆、线圈、电阻器等）的损耗。

5.3.3 监控系统的开发基础

监控应用程序的功能包括数据采集、存储和后续的分析。尽管数据类型及其分析各不相同，但开发监测系统所需的工具非常相似。首先，需要将数据记录在存储系统中。其次，数据必须在采集过程中（实时）和采集后可见。第三，需要为数据安排警报或事件。第四，实现不同类型的数据安全应该是一个简单的过程。第五，网络操作必须始终对用户透明。

实际中需要查看实时数据来监控正在运行的系统的状态。用于开发监控系统的软件必须具有能够执行监控过程的工具和能力，此外还必须在功能上集成传感器、换能器以及数据调节和采集的硬件。该软件必须是灵活的，并且在可能需要增加系统复杂性时具有扩展系统的便利条件。

监控系统的设计要满足以下要求：

（1）监控系统应具有完整性。这一原则包括：业务数据的完整性与业务流程的完整性。前者是指，系统应该具有完成不同类型数据的统一采集功能；后者是指，系统应该能够提供事件信息、实时数据采样的应用服务。

（2）监控系统应具有规范性。BIPV 监控系统的设计与构建应当遵循国家相关标准及电力行业有关标准与规范，确保监控设备运行的安全性与 BIPV 系统工作状态的可靠性。

（3）监控系统应具有集成性。监控平台应该能够集成电能量、电能质量、安防、环境等监测数据，并对这些数据分类存储，分类处理，再统一显示。

（4）监控系统应具有开放性。这便要求监控系统具有与电网调度等系统进行信息、数据交互的功能。

（5）监控系统应具有扩展性。这一原则包括两点，一是硬件具有扩展性，即系统拥有能够适配新设备通信接口的扩展端口；二是软件也具有扩展性，即软件功能模块具有复用性、配置性等特点。

（6）监控系统软件具有可操作性。系统的软件界面友好，操作方便，注重用户体验。

监控系统的主要功能包含：

（1）数据采集与处理。为了监测 BIPV 的工作状况，监控系统需要对设备的工作情况和环境条件等特定参数进行数据采集。比如，太阳能光伏电池阵列的瞬时输出电压和电流，光伏发电系统的启动、暂停状态，光伏系统温度，电网输出电能的频率，并网各相电压和电流以及室外风向、风速、太阳辐射量、环境湿度和温度等。系统可根据采集数据的不同类型，对数据分别进行预处理或者按照计算引擎和规则，在线上完成计算任务。

（2）数据存储与事件记录。将采集的数据分类保存到存储器当中，并与之前的数据整合保存。当 BIPV 系统发生故障时，管理人员或维护人员可以从存储器中调用、导出所需要的数据，以便进行故障原因分析，做出适当的处理。

（3）数据显示。要求能够实时显示 BIPV 系统的详细运行参数、运行状况及环境条件等内容。

（4）设备操作与控制。本地监控系统以及中央远程监控中心能够对 BIPV 系统的主要设备进行本地操作或远程控制，而这些控制命令是通过数据传输通道进行传达。在对设备进行操作与控制的过程中，位于本地监控室或者中央监控中心的工作人员可以在显示器的操作界面上，完成对各电压等级隔离开关、断路器等设备的遥控操作以及对逆变器进行起机、停机、限制出力等基本控制。

（5）状态监测与评估。通过显示器，便于监控室的管理人员实时了解 BIPV 系统的工作情况及主要设备的运行状态。工作人员可以借助 BIPV 系统的拓扑结构、电气接线图、系统配置图、过程曲线图、统计报表等文字数据和图像信息了解系统的各个细节，评估系统的生产运行状态。

（6）系统报警与预判。系统报警操作应该包含事故报警和预警警报。一旦发现电站设备运作过程中出现机械性故障或者采集的数据出现异常，要保证报警装置能在第一时间向监控室发出警报信号，并自动提交发电站故障报告。报警信息会以文字、语音、图像等形式提交和显示，同时也会提供相关的辅助诊断信息。报警内容应包括警报描述、报警时间、警报级别、是否确认、是否复归等要素。

5.4　影响建筑光伏一体化系统设计的主要因素

建筑光伏一体化系统的设计是太阳能发电系统和建筑设计的综合成果，应根据建筑的使用功能、结构形式等因素，考虑太阳能发电组件的电池特性、效率、配比、安全以及气候等条件，确定光伏系统的类型、规格、数量以及施工工艺、施工位置、施工流程等综合工序。

5.4.1　环境因素

建筑物的地理位置对经纬度、温度、海拔高度、气候和空气质量的变化影响了太阳能组件可以接收的理论最大太阳辐射强度。太阳辐射是来自太阳的辐射（电磁）能。它为地球提供光和热，为光合作用提供能量。太阳辐射光谱上的三个相关波段或范围是紫外线、可见光和红外线。在到达地球表面的光线中，红外线辐射占 49.4%，而可见光占 42.3%。紫外线辐射仅占太阳辐射总量的 8% 以上。

（1）经纬度。由于地球呈球形，赤道地区周围的太阳光线强度更高。远离赤道时，能量密度会随着太阳光线分布在更大的地理区域周围而降低。

（2）温度。太阳能电池板测试的行业标准是在"标准测试条件"进行测试，即辐射为 1 kW/m²，电池温度 25℃，无风。而温度系数百分比说明了效率随温度升高或降低的程度而发生的变化。例如，如果某种类型的面板的温度系数为 −0.5%，那么每升高 10℃，面板最大功率将降低 0.5%。而 BIPV 系统在工作的情况下工作温度通常超过 50℃，长时间的高温将受温度系数的影响而降低系统的发电效率。

（3）海拔。在高海拔地区，太阳光线穿过大气层的距离更短。因此，随着海拔的增加，大气吸收较少，太阳辐射增加。有学者通过实验验证了不同海拔地区发电量的影响，得出的结论是在同等条件下高海拔地区的发电量比地面电站的发电量高出 7%～的 12%。

（4）气候。雨雪、风暴、多云天气都会直接影响太阳辐射资源，而影响系统的发电量。对于建筑光伏一体化系统，更应该关注作为建筑结构在恶劣天气如台风、暴雨、冰雹等条件下运行的安全可靠性。

（5）空气质量。飘浮在空气中微粒和粉尘以及 SO_2、NO_2、CO、PM10、PM2.5 对太阳辐射有阻挡的作用，太阳辐射总量随着空气污染程度的严重而增大。有学者研究了沈阳 2013—2017 年空气质量与地面太阳辐射的关系，发现在太阳能直接辐射条件下空气质量三级比空气质量二级情况平均衰减 18%，空气中 PM2.5 的削光作用大于 SO_2 和 PM10 为首的环境污染。

5.4.2　组件倾角因素

太阳能组件直接从太阳、天空以及地面或光伏电池板周围区域反射的阳光中吸收太阳辐射。两个主要角度用于定义阵列方向：倾斜角和方位角。其中倾斜角是水平面和阵列表面之间的垂直角，因此当太阳光线与太阳能电池面板形成 90° 夹角时，太阳能发电效率达到最大值。在给定的环境条件下，捕获最大辐射强度可以通过为设计支架固定最佳倾斜角度来实现。Hussein 等研究了光伏组件的最大效率、功率和短路电流会随着太阳能组件收到的辐照量而增加，这主要取决于其方向（倾斜和方位角）。如果太阳辐射的入射角与法向入射反射有很大不同，损失会变得很大，进而减少发电量。

5.4.3　建筑材料因素

由于建筑光伏一体化屋面除具有发电属性外，还具备建筑属性，因此也必须要满足作为建筑材料所需的安全性、防火、抗风揭、耐候性等要求。

（1）防火。研究发现，热斑效应、高串联电阻和电弧事故是导致光伏组件热度过高而起火的主要因素。而常规光伏组件里的 EVA 膜和 TPT 背板属于可燃烧材料，作为建筑结构的一部分，燃烧后将严重影响建筑通风系统、火焰蔓延路径、产生有毒气体等危害，因此建筑光伏一体化产品宜选用 A 级不燃产品降低燃烧风险。

（2）散热。太阳能组件工作时会产生大量的热量，如果建筑光伏一体化系统未设置通风通道，热量可能会进入建筑内部，影响建筑的实际能耗。因此应设计散热风道等通风散热方式，利用空气对流等方式带走组件产生的热量。有学者研究了上海虹桥机场建筑光伏一体项目散热与组件效率的关系，发现上海地区夏季太阳辐射最高条件下电池板下表面温度最高可达到 65℃，过高的温度将严重降低发电量并影响电池板寿命。

（3）防水。防水是建筑重要功能，应充分设计、试验、测试建筑光伏一体化产品的防水性能，结合实际施工工艺、连接点技术、材料等确保系统可在全生命周期内有可靠的防水表现。

（4）建筑美学。建筑光伏一体化产品应结合建筑和光伏的共同美学设计，实现外观一致、色彩统一、整体协调，同时在施工时需统筹考虑接线的美观性。

（5）维护保养。建筑光伏一体化系统在遇到组件损坏时无法轻易地直接拆除或者替换，所以应设置合理的检修维护通道、运维方案进行定期检修保养，同时更应选用高效可靠的设备材料降低故障率。

第 6 章　华东某光伏公司 BIPV 项目实践

6.1　工程概况

　　某 220 kV 输变电工程位于某市某区公路南侧，其主变电站及开关控制楼建筑面积为 7579 m²，地下一层，地上二层，建筑高度为 14.05 m；结构类型为地上部分采用钢结构，地下部分采用钢筋混凝土结构；辅助用房建筑面积为 50 m²；±0.000 m 相当于绝对标高 4.800 m(吴淞高程)，室内外高差为 1.500 m；建筑屋面防水等级为Ⅰ级；建筑耐久年限为 50 年；建筑物的生产火灾危险性等级为丙类，抗震设防烈度为 7 度，属内类建筑。

　　工程的主要情况如下：

- 工程名称：某 220 kV 输变电工程。
- 工程地址：某市某区公路南侧。
- 建设单位：国网某市电力公司。
- 建设单位管理单位：国网某市电力公司工程建设咨询分公司。
- 设计单位：国网某电力设计有限公司。
- 勘察单位：某市地质工程勘察院。
- 监理单位：某市电力工程建设监理有限公司。
- 总包单位：华东某光伏有限公司。
- 工期要求：根据《某 220 千伏输变电工程施工二级网络进度计划》要求，

本工程土建工程计划于 2023 年 2 月 11 日开工，2023 年 12 月 30 日竣工，总工期 322 天；电气安装计划于 2024 年 1 月 3 日开工，2024 年 7 月 30 日竣工；以实际工程开工日期为准。桩基计划工期为 45 天，消防施工工程中将紧跟土建及电气安装进度，随时调整施工力量，满足工程要求。

◀ 6.2 施工部署

设计要求：在建筑设计阶段，应根据建筑的形态、朝向和使用要求，制定符合 BIPV 技术的方案，并进行模拟计算和经济分析。

变电站光伏总览图如图 6 - 1 所示。

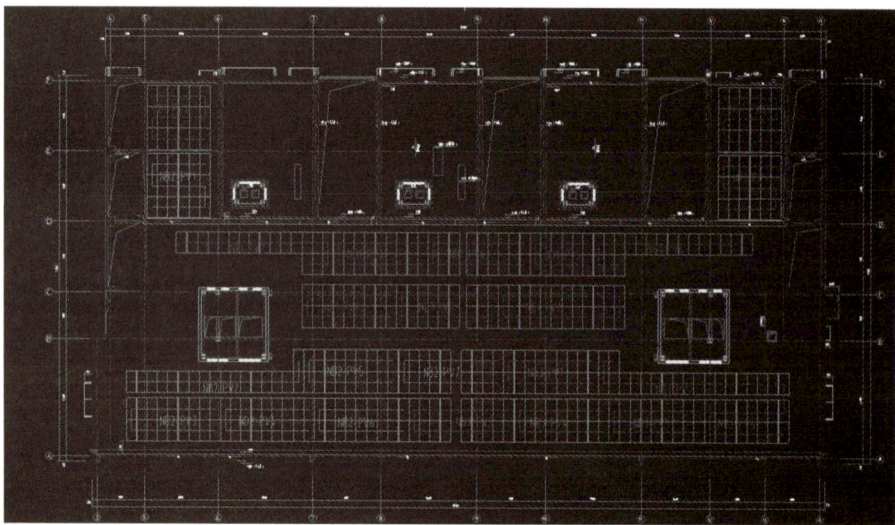

图 6 - 1 变电站屋面光伏布置图

BIPV 光伏发电系统图如图 6 - 2 所示，BIPV 屋面光伏效果图如图 6 - 3 所示。

构造准备：在施工前，需要对建筑的外墙、屋顶等进行检查和修整，确保表面平整，并根据设计要求设置支架或其他固定设备。本方案采用装配式 BIPV 设计，匹配工商业建筑屋顶，具有可靠的防水、防火、抗风揭、抗冲击性能，光伏板安装方位角与屋面朝向一致，随屋面平铺方式布置。其混凝土屋面 BIPV 构造效果图如图 6 - 4 所示。

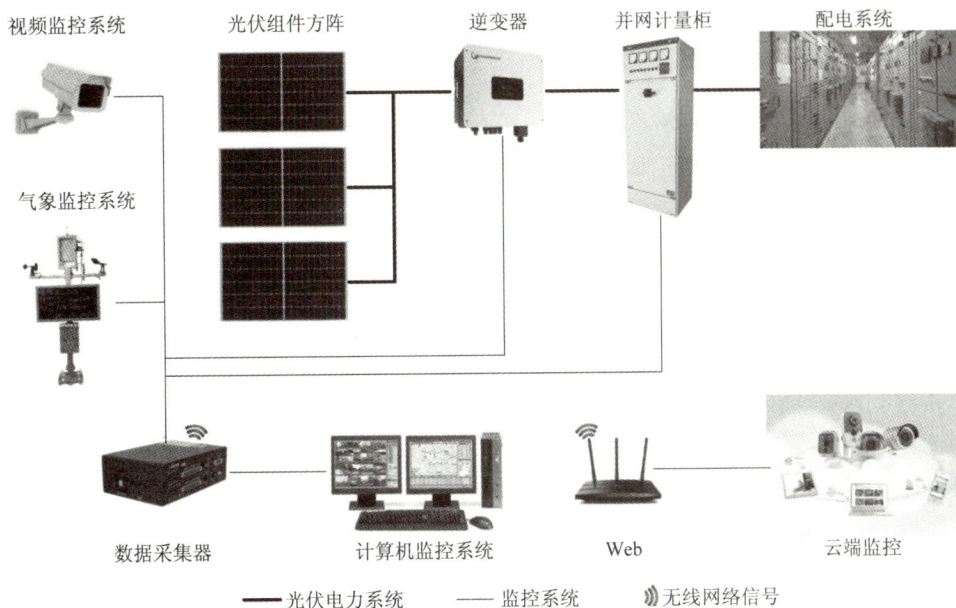

视频监控系统　光伏组件方阵　逆变器　并网计量柜　配电系统

气象监控系统

数据采集器　计算机监控系统　Web　云端监控

——光伏电力系统　——监控系统　))无线网络信号

图 6－2　BIPV 光伏发电系统图

图 6－3　BIPV 屋面光伏效果图

光伏组件
屋面钢板
吸音隔热
龙骨支撑
金属底板
檩条系统

一级防水屋面体系

图 6－4　混凝土屋面 BIPV 构造效果图

材料准备：拟采用屋面建筑 BIPV 一级防水系统，屋面光伏组件排布应充分考虑现场条件，避开阴影遮挡，采用 580 Wp 光伏组件，组件总数有 432 块，总装机容量为 250.56 kW。

屋面建筑光伏一体化体系中，为适配 730 金属板，组件经过特殊设计，分别有 295 W 和 300 W 配套组件。组件尺寸规格为 2278 mm×1134 mm×35 mm，每 18 块 1 串，经逆变器逆变成交流，接入站内站用变电装置 0.4 kV 低压侧。逆变器共 3 台，采用的规格为 1 台 100 kW 和 2 台 80 kW。太阳能电池板安装在主控楼建筑物屋顶，通过采用不同的固定装置和布局来满足不同的建筑外观、光照条件和使用需求。

（1）电缆准备。电缆从太阳能电池板引出，连接到逆变器或电池组，以便将直流电转换为交流电或存储电能。电缆的敷设通常需在施工前规划好线路。

（2）测试与调试。完成电缆连接后，进行电气安全测试和系统调试，以确保 BIPV 系统正常工作并符合国家安全标准。

（3）维护、管理。BIPV 系统需要定期进行维护和管理，例如清洁太阳能电池板表面、更换损坏的元件和检查电气系统，还需要对系统性能和发电量进行监测和评估，以保证系统的长期稳定运行。

❮❮ 6.3 分项工程施工方案

6.3.1 BIPV 施工流程和光伏机器人布置

该工程 BIPV 施工流程方案如图 6-5 所示。此外，根据某 220 kV 变电站情况，结合各清洗方式的优劣，本项目建议采用自动清洗方式。变电站为屋顶分布式电站，组件及电缆排布规整，选用"上海翡明能源"系列清扫机器人，能很好地解决变电站组件表面严重污染等问题，大幅度提升光伏电站发电量。但考虑到该变电站外接电源难度较大，且机器人长期拖拽电缆运行，稳定性难以保证等原因，决定选用 CF 系列清扫机器人，它是具有独立太阳能供电系统的自供电清扫机器人。光伏清扫机器人的安装如图 6－6 所示。该系列清扫机器人具有自供电、自储能、无水清洁、垂直越障、水平越障及爬坡能力，还能够做到运行自纠偏、实时位置计算、兼容多种通信方式、远程启停控制、自定义运行时间及模块化设计。

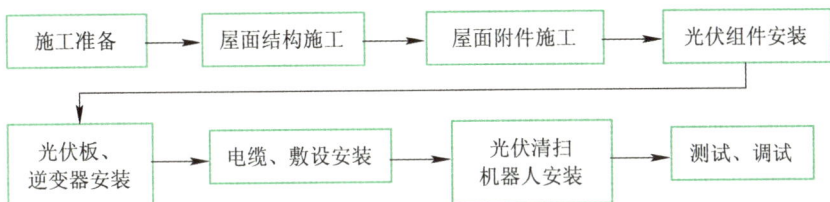

图 6－5　**BIPV** 施工流程图

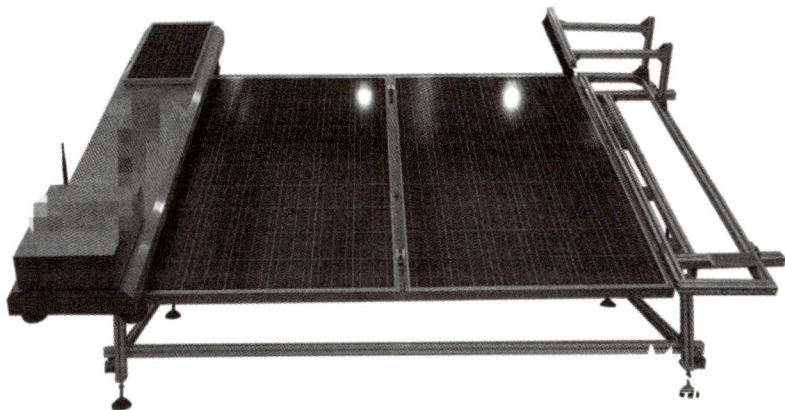

图 6－6　光伏清扫机器人安装图

　　由于变电站光伏组件排布的差异性，清扫机器人在光伏电站中应用时，需要根据电站组件及方阵的分布，设计适合于每个电站的停靠架、桥接等辅助性结构，同时确定机器人的清扫工作长度以及工作范围，并最终确定各电站所需排布的机器人型号、数量以及辅材等。

　　CF 系列清扫机器人由动力组件、清扫组件、机器人主控系统和供电系统等部分组成，还包括主副停靠架、桥接等必要的辅助性结构。根据光伏阵列的布置，结合屋面实际情况，光伏清扫机器人布置如图 6－7 所示。初步考虑布置 3V 清扫机器人 4 台，2V 清扫机器人 3 台，1V 清扫机器人 2 台，这样即可实现对所有光伏组件的自动清扫。

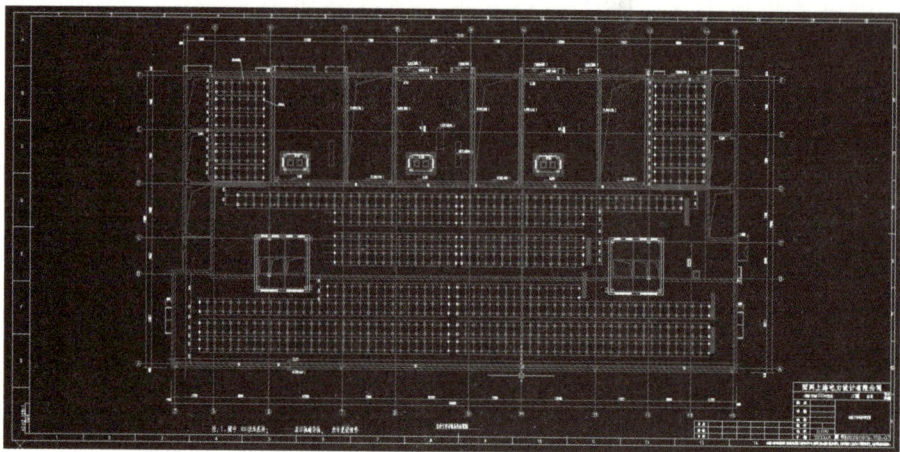

图 6 - 7 光伏清扫机器人布置图

6.3.2 细部构造施工

在进行基层和防水卷材部分的细部构造施工时，要注意以下三点：

（1）基层必须牢固，无松动、起砂等缺陷。基层表面应平整、洁净、均匀一致。基层阴阳角应做成圆弧或 45°坡角，其尺寸应根据卷材品种确定；在转角处、变形缝、施工缝、穿墙管等部位应铺贴卷材加强层，加强层宽度不应小于 500 mm。有套管的管道部位，应高于基层表面不少于 20 mm。

（2）应用自粘型橡胶沥青防水卷材时，细部附加层应采用"抬铺法"施工，将已裁剪好的卷材片隔离纸掀开，即可粘贴在已涂刷基层处理剂的基层上，并压实、粘牢。将卷材置于起始位置，对好长短方向搭接缝，将隔离纸朝下滚展卷材 500 mm 左右，将已展开部分的隔离纸剥开，慢慢放下卷材平铺在基层上，推压卷材，粘好起始端。卷材与基层应粘贴密实，并随时控制好卷材的平整、顺直和搭接缝宽度。粘贴搭接缝时，应掀开搭接部位卷材，宜用扁头热风枪加热卷材底面胶粘剂，加热后随即粘贴、排气、辊压，溢出的自粘胶随即刮平封口。搭接缝粘贴密实后，所有接缝口均应用密封材料封严，宽度应不小于 10 mm。

（3）应用自粘型橡胶沥青防水卷材时，卷材收头可用垫铁压紧、射钉固定，并用密封材料填实封严。

6.3.3 逆变器等光伏设施基座施工

光伏设施基座施工要符合以下设计要求：

（1）设施基座的防水构造应符合设计要求。

（2）设施基座处不得有渗漏和积水现象。

（3）设施基座与结构层相连时，防水层应包裹设施基座的上部，并应在地脚螺栓周围做密封处理，如图 6-8 所示。

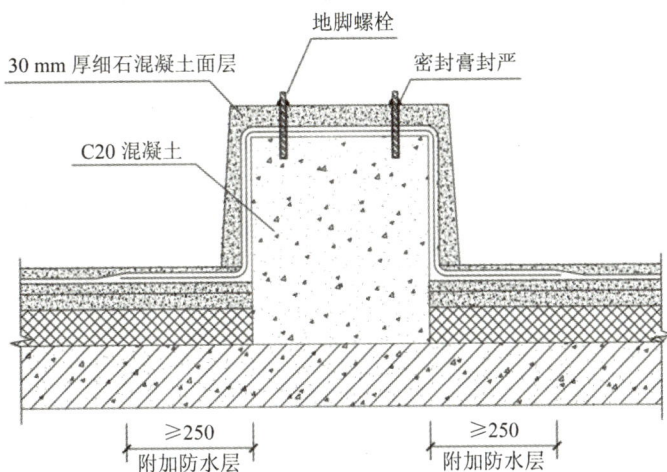

图 6-8　设施基座与结构层密封工艺流程图

（4）设施基座直接放置在防水层上时，设施基座下部应增设附加层，必要时应在其上浇筑细石混凝土，其厚度不应小于 50 mm。设施基座施工工艺流程如图 6-9 所示。

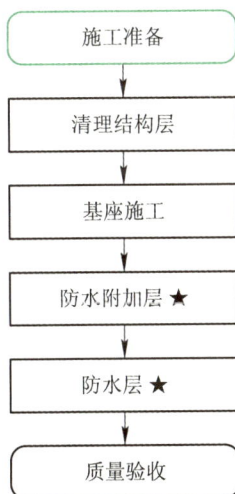

图 6-9　设施基座施工工艺流程图

（5）设施周围和屋面出入口至设施之间的人行道，应铺设刚性保护层。屋面出入口施工工艺流程如图 6-10 所示。

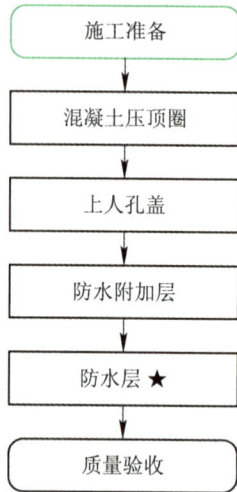

施工准备

↓

混凝土压顶圈

↓

上人孔盖

↓

防水附加层

↓

防水层 ★

↓

质量验收

图 6-10　屋面出入口施工工艺流程图

6.4　安全文明施工及质量保证措施

6.4.1　安全目标

严格执行国家、行业、国家电网公司及建设管理单位有关工程建设安全管理的法律、法规和规章制度，确保工程建设安全文明施工。安全文明施工的主要目标如下：

- 不发生八级及以上人身事件。
- 不发生因工程建设引起的八级及以上电网及设备事件。
- 不发生八级及以上施工机械设备事件。
- 不发生火灾事故。
- 不发生环境污染事件和重大垮塌事故。
- 不发生负主要责任的一般交通事故。

- 不发生基建信息安全事件。
- 不发生对国家电网公司造成影响的安全稳定事件。

6.4.2　安全控制措施

1. 施工临时用电安全措施

1）实施要求

- 临时用电线路采用埋地和架空两种敷设方式，临时照明采用 220 V 电压。
- 施工现场供电线路、电气设备的安装、维修保养及拆除工作，必须由专业人员（经有关部门培训并考试合格、持有效证件上岗的维修电工）进行。
- 配电房室内安全工具及防护措施、灭火器材必须齐全。
- 对易燃易爆、危险品存放场所的设备，要加强监控、检查工作，发现问题立即整改。
- 对移动机具及照明的使用应实行二级漏电保护，并经常进行检查、维修和保养。
- 施工现场大型用电设备、大型机具等，应配有专人进行维护和管理。

2）实施要点

- 施工现场临时用电按照工程项目部编制的《临时用电施工组织设计》进行设置，再由项目工程师同安全部门以及有关部门专业人员进行验收合格后方可使用。对大型机械如井架等机械应单独设置随机开关箱，加强安全控制。
- 现场施工电源由业主提供，土建施工阶段，只需采用一台位于站区东北侧的 630 kVA 箱变即可满足施工需要。
- 电工晚间值班必须安排工作认真，责任心强的持证电工上岗。
- 特殊情况下需带电操作时，配备必要的安全用具，采取可靠的安全隔离措施，必须指定专业人员（电工）进行监护。
- 施工用电中常见通病必须杜绝。

2. 施工机械安全使用措施

中小型机械的使用：本工程共有钢筋弯曲机、切割机、水平对焊机、木工机械、空压机、砼振机器、电焊机等中小机械，因此必须加强对施工现场中、小型机械设备安全运行的管理。

1）实施要点

· 项目部指派机管员负责机构使用前的验收工作，平时做好检查机械运行情况。

· 中、小型机械操作人员必须持有效证上岗。

· 按规定搭设机械防护棚。

· 机械设备必须接地或接零，随机开关灵敏可靠。

· 督促机械操作人员做好定期检查、保养及维修工作，并做好运转保养记录。（由操作工当日填写）。

2）控制点

· 机械设备的防护装置必须齐全有效，严禁带病运转。

· 固定机械设备必须实施二级漏电保护。

· 中、小型机械必须做到定机、定人、定岗位。

3. 防火安全措施

保障施工现场的防火安全，以利施工作业的顺序进行是安全生产的重要组成部分。

1）实施要点

· 在防火领导小组的领导下，按照防火制度对重点部位进行检查，发现火险隐患必须立即消除。

· 建立义务消防队，正常进行活动。

· 施工现场必须配备足够的消防器材，定期更新，保证完好。

2）控制点

· 必须严格执行动火审批制度，节假日动火作业要升级审批。

· 明火作业必须事先申请，动火时监护人及灭火器材必须到位。

· 重点部位专人监管：木工间、危险品仓库、配电间、食堂、宿舍。

· 氧气与乙炔应分开存在，间距宜大于 5 m。

6.4.3 文明施工的目标

严格执行国家及行业关于工程建设安全管理的法律、法规和规章制度，确保工程建设安全文明施工，采取积极的安全措施，确保实现以下安全目标：严格遵循安全文明施工"六化"要求；树立安全文明施工品牌形象；争创（省级）安全文明施工示范工程。

从设计、设备、施工、建设管理等方面采取有效措施，全面落实环境保护和水土保持的要求，完成环评报告批复和水土保持批复方案中各项要求，确保通过建设项目竣工环境保护验收和水土保持设施验收。建设资源节约型、环境友好型的绿色和谐工程，加强能源资源节约和生态环境保护；保护土地和水资源，建设科学合理的能源资源利用体系，提高能源资源利用效率；争创国家"环境友好工程"奖。

6.4.4　文明施工的实施方案

1. 场容场貌、宣传教育

* 现场总平面布置实行专人管理，确保合理有序，卫生工作实行区域块包干，施工现场设置"四牌一图、七牌二图、三面旗帜"。
* 施工现场文明施工标准化，做到道路畅通，排水畅通，雨天现场无大面积积水。施工场地和安全通道间采用隔离带进行分隔。
* 施工区域做好"落手清"工作，即完工、料尽、场地清，不任意倾倒垃圾杂物。保证施工现场整洁的施工环境。
* 现场搅拌站、钢筋棚、木工棚等，均浇混凝土地坪。
* 工具间有专人负责管理，房内整洁，货架物品堆放整齐。
* 现场食堂、宿舍、茶水供应点有消毒、灭蝇、防尘等卫生措施。
* 现场厕所有专人冲洗，化粪池加盖，定期喷药。
* 生活、办公区保持内外整洁，且种植绿化。

2. 环境卫生、防火治安

生活区应设置醒目的环境卫生宣传标牌责任区包干图。现场"五小"设施齐全、设置合理。

* 除四害要求。防止蚊蝇滋生，同时要落实各项除四害措施，控制四害滋生；生活区内做到排水畅通，无污水外流或堵塞排水沟现象；有条件的施工现场进行绿化布置。

• 生活垃圾。生活垃圾要有容器放置并有规定的地点，有专人管理，定时清除。

• 卫生要求。现场要设医务室，做好对职工卫生防病的宣传教育工作，针对季节性流行病、传染病等，要利用板报等形式向职工介绍防病、治病的知识和方法；医务人员对职工的生活卫生要起到监督作用，定期检查食堂饮食等卫生情况。

• 加强工地治安综合治理，做到目标管理，制度落实，责任到人。施工现场治安防范措施要有力，重点要害部位防范设施要到位。施工现场的外包队伍情况清晰，建立档卡（签订治安、防火协议书），加强法制教育。

• 防台防汛。根据本工程的特殊位置，工地应严格按照县政府防台防汛领导小组的要求和有关文件规定，及时做好防台防汛工作。

• 防火管理。建立防火安全组织，义务消防和防火档案，明确项目负责人，管理人员及操作岗位的防火安全职责；按规定配置消防器材，有专人管理；落实防火制度和措施；按施工区域、层次划分动火级别，动火必须具有"二证一器一监护"；严格管理易燃物品，设置专门仓库放存。

3. 工地卫生防疫措施

1）规划

• 工地要有卫生责任人（挂牌）。

• 工地卫生制度和宣传牌上墙。

• 设置医务保健箱。

• 及时做好传染病情可疑报告。

2）食堂卫生

• 食堂离厕所 20 m 远，远离垃圾堆等污染源。

• 食堂有卫生制度（上墙）。

• 空间较大的食堂，加工操作间与熟食间要分隔开。

• 有纱门、纱窗、纱罩等防尘、灭蝇和除"四害"措施。

• 食堂从业人员有体检合格证（复印件上墙）。

• 炊事员衣着整洁（三白）不留长指甲，不戴戒指，不涂指油，操作时不得吸烟。

• 熟菜容器不得使用非食用塑料制品。

- 配冰箱，做到生熟分开。
- 地面整洁，便于清扫冲洗，食堂内设流动水池，排水畅通。
- 洗菜池内及灶头四周要用瓷砖铺贴，洗菜水池要专用。
- 砧板专用。
- 公用餐具做好消毒。
- 不供应腐败食品、变质食品、有毒食品、水产生食和冷拌菜。
- 发生食物中毒，要及时上报。
- 设有加盖泔脚缸（桶）。

3）饮用水卫生

- 生产用水禁止同生活饮用水管连接。
- 水源距厕所 20 m，饮用水管道不能在垃圾堆、污水塘中通过。
- 工地上开水应由专人负责保证供应，开水必须送到现场，开水桶加盖、加锁，开水应从侧面的水龙头放出。
- 公用茶具有消毒措施。

4）生活区

- 设立卫生值日制，划分卫生包干区。
- 宿舍要通风、明亮、整洁，床铺要规范统一，行李堆放有序。
- 落实除四害措施。
- 有自来水和水斗，排水畅通，污水不得直接排入河道。
- 多层活动房设有盥洗室和厕所。
- 没有近厕的要设方便桶，不随意便溺。
- 有生活垃圾容器，有专人清运。
- 周围环境整洁、卫生。

5）厕所

- 有专人保洁。
- 化粪池和集粪坑加盖，粪便及时清运。
- 便槽内用瓷砖铺贴，应经常喷洒药物，杀灭蝇蛆。
- 粪便不能直接排入河道和下水道。
- 要定时冲洗水源或水箱。
- 地面平整，便于清扫。

6）垃圾

- 建筑垃圾与生活垃圾不能混堆。
- 有生活垃圾容器，垃圾及时清运。
- 垃圾容器要加盖，有灭蝇措施。

6.4.5　质量目标

质量目标如下：

- 全面应用通用设计、通用设备、通用造价、标准工艺。
- 工程质量达到国家、行业和公司标准、规范以及设计要求，实现"零缺陷"投运；工程通过达标投产考核。
- 工程使用寿命满足设计及公司质量管理要求。
- 不发生因工程建设原因造成的六级及以上工程质量事件。

6.4.6　质量保证措施

质量保证措施如下：

- 设计审核：在施工前，进行 BIPV 设计文件的审核，检查设计图纸、材料规格、结构设计是否符合相关标准。
- 施工现场管理：严格控制施工现场，设立安全警示标志，落实各项安全防护措施，确保人员和设备安全。
- 材料质量控制：严格按照材料采购合同要求进行材料的验收，对于不符合要求的材料，及时予以退换或处理。
- 操作规范控制：操作规范是保证 BIPV 施工质量的重要因素。施工人员必须按照相关规范来严格操作，特别是在连接电缆和调试系统等环节，需要严格遵守操作规程。
- 安全防护控制：在 BIPV 施工过程中，尤其需要注意安全问题。施工人员在操作时，必须佩戴防护用品，并严格遵守施工现场的相关规定。
- 工程验收控制：BIPV 施工完毕后，进行验收，检查设备连接、材料使用、电气联通等情况是否符合相关标准，如果存在问题，需要及时予以处理。

6.5　验收标准程序内容

验收标准程序内容如下：

- 系统设计评审：对 BIPV 系统的设计方案进行全面评审，确保其满足国家、地方和行业相关标准要求，包括电气、结构、耐候性、防水等方面。
- 施工现场检查：对 BIPV 系统的施工现场进行检查，主要包括组件安装、接线、接地等是否符合设计要求，以及现场环境是否满足安装要求。
- 组件测试：对 BIPV 系统的组件进行测试，确保其符合国家或行业相关的质量标准，包括电性能、机械强度、耐候性等方面。
- 系统调试和运行监测：对 BIPV 系统进行调试和运行监测，包括电性能测试、组件温度分布测试、灰尘污染测试等。
- 验收报告编写：对 BIPV 系统的验收结果进行总结和评估，并编写验收报告，包括系统设计方案、施工质量、组件质量、系统运行情况等。同时，还需要提出改进建议和维护措施。
- 交付和维护：对 BIPV 系统进行交付，并确定其维护责任方及维护方式。同时，还需要对维护过程进行监督和评估，确保系统的长期稳定运行。

6.6　应急处理措施

6.6.1　组织形式及人员构成情况

项目部成立应急救援小组，组长由项目经理担任，副组长由项目总工程师担任，成员为项目部成员及分包单位负责人、班组骨干成员。

应急救援小组下设抢险救援、安全警戒、后勤保障等应急专业小组，便于在上级应急领导小组未到来前组织开展现场自救工作。

6.6.2 现场应急处置措施

1. 人身事件现场应急处置

1) 现场紧急救护

紧急救护的基本原则是在现场采取积极措施保护伤员生命，减少痛苦，并根据伤情需要，迅速联系当地 120 急救中心或医疗部门救治，急救的成功条件是动作快，操作正确，任何拖延和操作错误都会导致伤员伤情加重或死亡，现场急救人员要认真观察伤员全身情况，防止伤情恶化。发现呼吸、心跳停止时，应立即在现场就地抢救，用心肺复苏法支持呼吸和循环，给脑、心等重要脏器供氧。

2) 心肺复苏紧急救护

徒手心肺复苏术操作方法：

（1）观察周围环境，确定安全。

（2）判断患者意识：轻拍患者双肩，同时俯身分别对左耳和右耳高声呼叫，判断有无意识，如无意识，高声呼救，寻求他人帮助。

（3）判断大动脉搏动：触摸颈动脉（右手食、中二指并拢，由喉结向内侧滑移 2～3 cm 检查颈动脉搏动），判断时间小于 10 s，口述"大动脉搏动消失"。

（4）摆放患者体位：仰卧在坚实的平面或硬板上。

（5）解开衣领、腰带。

（6）胸外心脏按压：

① 按压体位：双手按压，位于患者右侧，根据个人身高及患者位置高低选用踏脚凳或跪式体位。

② 按压部位：胸骨中下 1/3 处，成人为两乳头连线与胸骨交叉中点或食指与中指沿肋缘向上触摸至剑突上两横指处。

③ 按压姿势：手臂长轴与胸骨垂直，双手掌根重叠，手指扣手交叉，手指不触及胸壁，双臂肘关节绷直，以髋关节为支点运动，垂直向下用力。

④ 按压深度：胸骨下陷 3.8～5 cm。

⑤ 按压频率：至少 100 次/min。

⑥ 按压与放松时间比例为 1∶1，放松时掌根部不能离开按压部位。

（7）开放气道：

① 双手轻转头部，将患者头偏向一侧，检查口腔，纱布缠绕手指，去除异物或义齿（疑有颈椎骨折除外）。

② 开放气道：采用仰头抬颏法—左手掌外缘置于患者前额，向后下方施力，使其头部后仰，同时右手食指、中指指端放在患者下颌骨下方，旁开中点 2 cm，将颏部向前抬起，使头部充分后仰，下颌角与耳垂连线和身体水平面呈 90°（疑有颈椎骨折采用托颌法）。

（8）人工呼吸（2 次）：

① 一手以拇指及食指捏住患者鼻孔，使其闭塞。

② 然后口对口密切接触向模拟人口内吹气，以见胸起伏为度。

③ 吹气频率：单、双人操作时胸外按压 30 次，吹气 2 次，如此反复进行。

（9）如此反复操作，完成五个循环、呼吸周期。

（10）判断心肺复苏是否有效（呼吸、颈动脉搏动、四肢循环及瞳孔情况），口述判断情况，整理患者衣物。如心肺复苏有效，口述"患者心肺复苏成功，进一步生命支持"。

现场工作人员都应定期进行培训，学会紧急救护法。会正确开关电源、会心肺复苏法、会止血、会包扎、会转移搬运伤员、会处理急救创伤或中毒等。

施工、生产现场应配备急救箱，存放急救用品，并指定专人经常检查、补充或更换。

3）创伤急救

创伤急救原则上是先抢救，后固定，再搬运，并注意采取措施，防止伤情加重或感染。需要送医院救治的，应立即做好保护伤员措施后送医院救治，抢救前先使伤员安静躺平，判断全身情况和受伤程度，如有无出血、骨折和休克等。外部出血立即采取止血措施，防止失血过多而休克。外观无伤，但呈现休克状态，意识不清或昏迷者，要考虑胸腹部内脏或脑部受伤的可能性。为防止伤口感染，应用清洁布片覆盖。救护人员不得用手直接接触伤口，更不得在伤口内填塞任何东西或随便用药，搬运时应使伤员平躺在担架上，腰部束在担架上，防止跌下。平地搬运时伤员头部在后，上楼、下楼、下坡时头部在上。搬运中应严密观察伤员，防止伤情突变。

若伤势较重或伤势不明，为防止二次伤害，应对伤者受伤部位进行简单止血处理后等待医护人员救护。

2. 火灾、爆炸事故现场应急处置

1）火灾事故现场应急处置措施

（1）在上级应急领导小组未到火灾现场前，首先要查明或核实火势发展方向、火场是否有人员被困、是否存有易燃易爆物品以及精密仪器和贵重设备是否受到火势威胁等。

（2）灭火工作应采取"先控制、后消灭"的原则，集中力量切断火势蔓延途径，将火势控制在一定的范围内，防止火势向主生产区域、主生产设备区、存有易燃易爆物品区、人员集中场所及重要建筑等区域蔓延。

（3）灭火工作应坚持"救人重于救火"的原则，采取一切有效措施解救被火势围困人员，救治火场受伤人员，最大限度地降低人员伤亡。电气设备附近应配备适用于扑灭电气火灾的消防器材。发生电气火灾时，应首先切断电源。

（4）根据火场实际情况，合理选用"堵截包围、上下合击、重点突破、逐片消灭"的灭火战术措施；根据火灾扑救对象和现场可用灭火剂情况，正确选择灭火方法（冷却法、隔离法、窒息法、抑制法）。

（5）应急处理中应加强对重要建筑、主设备、精密及贵重仪器、文件档案的保护，做好对火灾现场易燃易爆物品的防护和隔离清除，对便于疏散的物资设备应首先疏散至安全地带。

（6）火灾现场应及时划定警戒范围，维护秩序，加强对重点部位、重要设备、重要物资的监护；火灾扑救后，及时保护好事发现场，必要时可请求当地公安机关给予支持；对带有破坏性的火灾，加强对重点人员的监控，注意保存证据；对火灾扑救情况争取做到全过程、全方位、多角度地跟踪录像，保留第一手资料。

2）燃烧爆炸事故应急处置措施

（1）扑救外围着火点，解除事故现场的后顾之忧。

（2）控制事故区域，对周围的罐区和装置进行有效冷却和阻隔，控制着火储罐或装置稳定燃烧，直至物料全部消耗。

（3）防止周围未燃烧但受热辐射的罐区或装置区发生二次爆炸，防止造成人员伤亡。严密观察储罐和装置区情况，如果储罐发生颤动，安全阀鸣响，

火焰突变成白色等爆炸前兆时，现场指挥人员应立即命令所有现场应急人员紧急撤离，尽量避免人员伤亡。

（4）在控制着火的储罐或装置不会发生爆炸的前提下，积极组织消防力量扑灭火灾，对易挥发（气化）的着火物料，应控制着火点，稳定燃烧，直至物料烧完。

（5）采取技术措施，做好监护工作，防止发生复燃、爆炸等事故。

3. 触电事故现场应急处置

首先要使触电者迅速脱离电源，越快越好。在脱离电源中，救护人员既要救人，也要注意保护自己，触电者未脱离电源前，救护人员不准直接用手触及伤员，因为有触电的危险；如触电者处于高处，断开电源后会自高处坠落，因此要采取可靠的预防措施。触电伤员如意识清醒者，应使其就地躺平，严密观察，暂时不要站立或走动。触电伤员如意识不清者，应就地仰面躺平，且确保气道通畅，并用 5 s 时间呼叫伤员或轻拍其肩部，以判断伤员是否丧失意识，禁止摇动伤员头部呼叫伤员。需要抢救的伤员，应立即就地进行正确抢救，并设法联系医疗部门或医护人员接替救治。

急救要点：

① 迅速关闭开关，切断电源。

② 用绝缘物品挑开或切断触电者身上的电线、灯、插座等带电物品。

③ 保持呼吸道畅通。

④ 选择呼叫 120 急救服务。

⑤ 呼吸、心跳停止，立即进行心肺复苏，并坚持长时间进行。

⑥ 妥善处理局部电烧伤的伤口。

4. 机械设备事件现场应急处置

（1）现场第一发现人应立即切断设备电源。

（2）现场人员应采用呼喊、电话通知、敲击物品等方法争取其他人员的帮助，尽快对现场受伤人员进行施救。同时向医院"120"求援（交通事故还应拨打 122 报警）。

（3）若伤者伤情较轻，可对伤者进行临时包扎和止血等操作后送往就近医院；若伤势较重或伤势不明，为防止二次伤害，应对伤者受伤部位进行简单止血处理后等待医护人员救护。

5. 食物中毒事件施工现场应急处置

（1）立即将患者撤离有毒环境，同时向当地"120"求救。

（2）积极组织抢救治疗病人，尽可能按照就近、相对集中的原则进行抢救处理。

（3）在医务人员尚未赶到时，病人意识清醒时，可用压舌板、匙柄、筷子等刺激咽弓或咽后壁，使病人呕吐。当病人发生意识不清、昏迷时，不得使用。（病人发生呕吐时，切忌止吐，呕吐有利于毒物排出）

（4）处置好中毒人员后，现场应急救援小组应对现场遗留饭菜进行封存，将食物中毒事件情况报上级应急领导小组。

（5）保护好现场，保管好供应给职工的食品，维持原有的生产状况，对引起中毒的可疑食品及留样食品立即封存，禁止继续食用，在卫生防疫人员到达后，配合上级部门进行取证、调查工作。

参 考 文 献

[1]　黄震. 电力数字空间与新型电力系统[M]. 北京：中国电力出版社，2022.

[2]　舒印彪. 新型电力系统导论[M]. 北京：中国科学技术出版社，2022.

[3]　周勤勇，何泽家."双碳"目标下新型电力系统技术与实践[M]. 北京：机械工业出版社，2023.

[4]　刘吉臻，等. 新能源电力系统建模与控制[M]. 北京：科学出版社，2015.

[5]　李英姿. 光伏建筑一体化工程设计与应用[M]. 北京：中国电力出版社，2015.

[6]　杨洪兴. 光伏建筑一体化工程[M]. 北京：中国建筑工业出版社，2012.

[7]　靳瑞敏. 太阳能光伏应用：原理·设计·施工[M]. 北京：化学工业出版社，2017.